사진 & 일러스트로 보는 꿈의 자동차 기술 **Motor Fan** illustrated

Motor Fan

illustrated Vol. **37**

전자식변속기

- 엔지니어링 회사 IAV의 모터 내장 4........ • 4단 변속으로 유사 10단을 만들다.
- 엔진이나 모터 더 이상 두렵지 않다. • 변속기 Q&A • 구동계통 부품의 명칭과 역할

드라이브라인

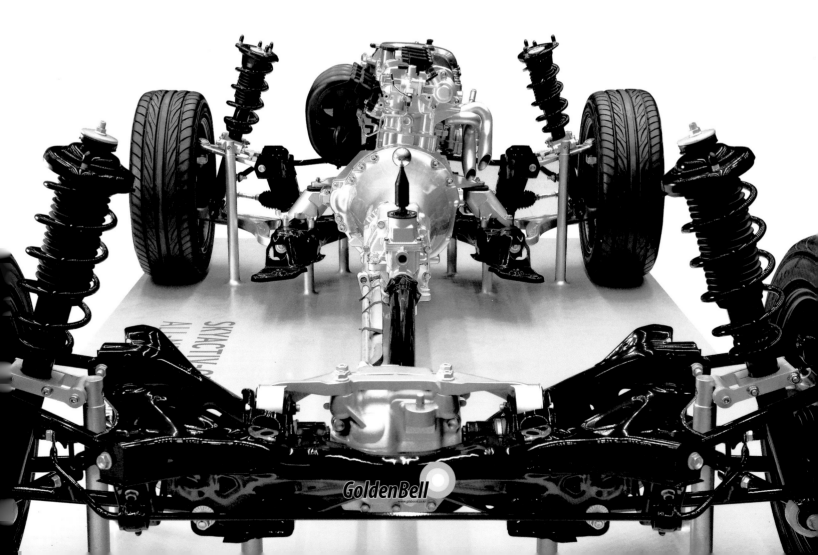

004 도해특집 전기장치로서의 변속기

CONTENTS

064 도해특집 동력전달 Drivetrain BASICS

전기장치로서의 변속기

도해
특집

기어 수 늘리기, 기어비 증폭에 이은 변속기의 다음 단계는?

—

6단이 8단으로 그리고 계속해서 9단, 10단으로.
변속기는 기어 수 증가, 기어비 증폭으로 이어져 왔다.
그렇다면 다음은 11단? 12단? 기어비는 더 커질 것인가?
자동차의 전동화 모터 구동을 전제로 한 변속기의 변신은 앞으로도 계속 될 것인가?
이런 가정 하에서 변속기 특집 취재가 시작되었다.
생각해야 할 것은 "차세대 자동차의 모습"이다.
앞으로는 MOTOR+SIMPLIFIED TRANSMISSION의 시대이다.

"+모터"에서 "+변속기"로
이것이 다단화 시대의 끝인 것일까?

자동차가 탄생한 이후 변속기(트랜스미션)의 역사는 오로지 기어비 확대와 기어 수를 늘리는데 집중해 있었다.
21세기에 들어와서도 이 흐름은 더욱 빨라져 결국에는 10단 AT가 탄생하기에 이른다.
한편, 한때 "만능"으로 불리며 명성을 떨쳤던 전동 모터는 에너지 효율 면에서 떨어진다는 단점이 지적됐다.
미래의 해법을 "모터+변속기"에서 찾아야 한다는 주장은 계속되고 있다.
과연 이것이 변속기 다단화의 결말을 의미하는 것일까.

본문&사진 : 마키노 시게오 도움 : IAV / IHS / 자트코 / ZF

기계설계와 유압제어

수많은 구성요소를 정밀도와 공차의 균형으로 조화시킨 다음에는 유압으로 작동하게 한다. 이것이 기존의 변속기 기술이었다. 뛰어난 제조 기술이 요구되면서 변속기를 공급할 수 있는 메이커는 한정되었다. 물론 기술은 현재도 계속 발전하고 있다.

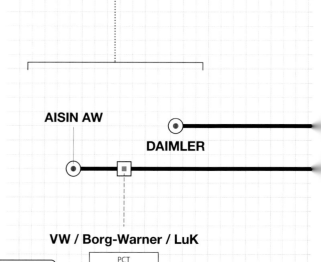

AISIN AW

DAIMLER

VW / Borg-Warner / LuK

PCT

전기적 제어

전기 모터를 단독으로 사용하는 EV는 자동차의 탄생과 거의 동시에 등장했지만 전기 에너지 밀도가 가솔린의 1000분의 1 이하 수준이어서 주류가 되지는 못했다. 그러다가 내연기관과 조합되면서 몇몇 전기적 제어가 실현되었다.

| 2000 | 2001 | 2002 | 2003 | 2004 |

이어서 10단 스텝 AT가 투입되었다. 토요타, GM/포드는 세로배치, 혼다는 가로배치이다. 2~3년 전만해도 변속기의 화제는 "언제, 어떤 메이커가 가장 먼저 두 자리 수 스텝을 적용할까"였다. 기어비 범위(Ratio Coverage, 가장 낮은 기어비를 가장 높은 기어비로 나눈 숫자. 기어 스프레드)를 크게 해 낮은 쪽은 출발~중간 가속을 지원하고 높은 쪽은 순항 연비를 절약한다. 가능한 한 넓은 기어비 범위를 적용하는 것이 개발에 있어서 큰 주제였다. 두 자리 수 스텝을 적용한 AT의 등장은 필연적인 흐름이었던 것이다.

상황이 바뀐 것은 2015년 가을 미국에서 VW(폭스바겐)에 의한 디젤차 배출가스 부정이 발각된 이후이다. 유럽 메이커, 특히 독일 메이커는 디젤과 PHEV(플러그인 하이브리드 차) 및 올터네이터(엔진 직결 발전기)를 사용한 소박한 스톱&스타트 장치로 CO₂ 규제에 대응할 수 있다고 생각했지만 자장(磁場)이 바뀐다. 차량의 전동화가 필수가 되었다. 순수하게 LCA(Life Cycle Analysis) 또는 WtW(Well to Wheel, 유전에서 바퀴까지) 측면에서 봤을 때의 CO₂ 발생량이 줄었느냐 아니냐에 초

점이 맞춰진 것이 아니라 전기가 주인공이 되어버린 것이다. 내연기관은 뒤로 밀려났다.

토요타가 1997년에 세계 최초의 양산HEV인 1세대 프리우스를 발매한 직후, 유럽에서는 HEV를 개발해야 할지 여부에 관해 자동차업계 내에서 뜨겁게 논의가 이루어졌다. 그러나 이때는 "유럽에서는 주류가 될 수 없다"는 쪽으로 결론이 모아졌다. 유일하게 다임러와 BMW, GM이 연합을 맺어 2모드방식으로 불리는 동력혼합 시스템을 개발하기도 했지만, 탑재 차종이 후륜구동의 프리미엄 자동차로만 한정되었다. 소형 FF차는 결국 과급 다운사이징으로 움직였고, 이것이 HEV는 아니라는 흐름을 형성하게 된다. 동시에 유럽 메이커들은 디젤엔진 개량에 본격적으로 뛰어들었다.

VW 게이트 후유증이 일시적인지 아닌지와 상관없이 전동화는 큰 흐름으로 바뀌었다. ZEV(Zero Emission Vehicle) 규제를 펼치는 미국, CO₂ 배출 95g/km를 필수목표로 내세운 유럽, 일정 비율로 EV/PHEV 생산을 강제하는 규제를 내세운 중국, 저마다 다른 사정을 안고 있으면서도 전동화 촉진 규제라는 점에서는 일치한다.

순수한 EV인지, 외부충전이 가능한 PHEV인지, P0~P4의 HEV인지에 대한 몇 가지 선택지가 있기 때문에 반드시 내연기관이 배제되는 것은 아니다. 하지만 자동차 기술과 관계없는 대다수 사람들에게 이런 흐름은 "전기가 인정받고 내연기관은 거부되었다."는 이미지를 주기에 충분하다.

아래 차트는 21세기 들어 변속기 다단화를 나타낸 도표로서, 필자가 중요하다고 본 사례를 나열한 것이다. 6단 이상의 흐름이 주류이기는 하지만 그와는 별개로 모터 동력을 감속해서 사용하려는 흐름이 존재했다는 사실에 주목할 필요가 있다. 토요타가 후륜구동 차를 위해서 개발한 LHD(Lexus Hybrid Drive)이다. 이것이 현재는 4단 변속으로 진화했는데, 기계식 4단 같은 경우는 전기적 제어를 통해 10단으로 세분화된다. 토요타는 기어비 증폭을 순수한 기계 제어와 전기&기계의 조합 두 가지 방향에서 실현했다. 새로운 흐름은 사실 이미 시작되고 있었던 것이다.

현재의 전동화는 유럽과 미국, 일본, 중국 모두에서 볼 수 있는 공통적인 흐름이다. 머지않아 세계자동차 수요는 연간 1억대에 도달한다. 이런 수요의 90%를 소비하는 지역

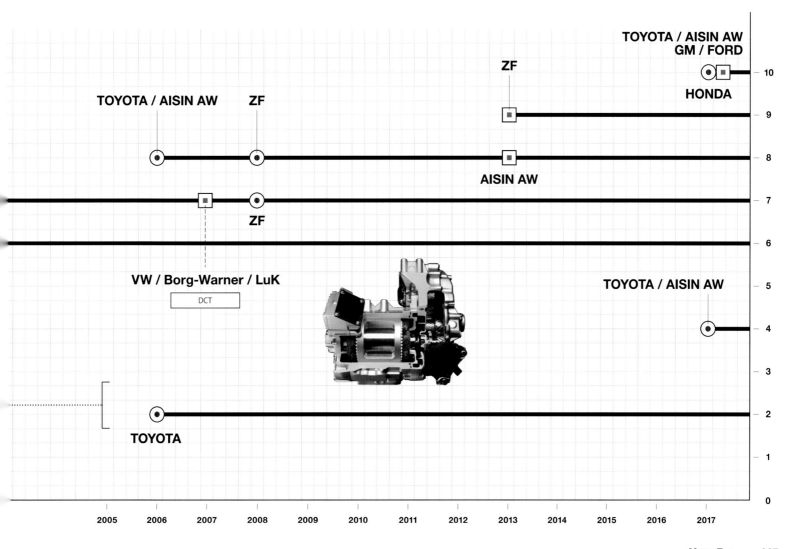

지역별 요구

자동차의 '주행'에 대한 요구에는 지역별 차이가 존재한다. 그 원인은 크게 법정속도 제한, 상용속도 영역, 교통 과밀도, 연료가격 4가지로 추측할 수 있다. 그 중에서도 운전성능(드라이버빌리티)에 대한 요구는 지역차가 매우 크다. 변속기는 이런 요구 때문에 큰 영향을 받는다. 그 정도는 엔진과의 비율이 아니다. 특히 운전자 피드백, 소위 말하는 운전자 정보가 요구된다는 점이 유럽의 특징이다. MT베이스의 DCT가 탄생한 배경이 여기에 있다.

요구내용		유럽	북미	일본	중국
연비(규제 포함)				저속 시	
운전성능	충격 없음/부드러움				
	출발가속				
	추월가속				
	조작에 대한 반응 양호성	속도관리	중간가속 시		
	운전자 피드백				

변속기의 성격

우측 표는 일본의 변속기 내용을 필자가 정리한 것이다. CVT 평가가 높은 것은 일본 시장이라는 측면도 있지만, 스텝AT 설계자도 CVT의 실력은 인정하고 있다. 다만 '부드러움'에 대한 생각은 CVT 담당자와 스텝AT 담당자와의 사이에 상당한 괴리감이 있다는 느낌이다. 또 독일 변속기 제조사 기술은 전혀 다른 견해를 나타내는 반면에 독일 엔지니어링 회사의 견해는 중립적이다.

	출발장치	변속장치	연비	부드러움	출발가속	추월가속	반응	직결감
MT	건식단판클러치	병렬 2축 교대접속	○	×	×	△	○	◎
AMT			○	×	×	△	○	◎
DCT	습식2중클러치		◎	○	△	○	○	◎
Step AT	토크컨버터	유성기어	◎	○	◎	○	○	○
CVT		벨트&풀리	◎	◎	◎	○	○	○

구동력 전달효율 비교

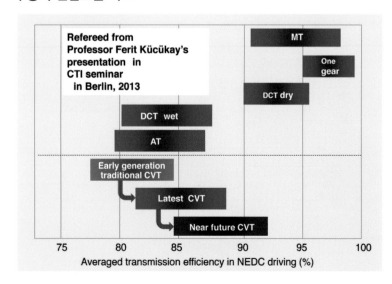

Refereed from Professor Ferit Kücükay's presentation in CTI seminar in Berlin, 2013

MT
One gear
DCT dry
DCT wet
AT
Early generation traditional CVT
Latest CVT
Near future CVT

75　80　85　90　95　100
Averaged transmission efficiency in NEDC driving (%)

전달효율 측면에서 보면 MT계열이 뛰어나다. 이 차트는 페럿 쿠쉬카이 교수가 발표한 것으로, 다소의 견해 차이는 있을 것이다. 다만 CVT가 변속 중일 때는 전달효율이 50%대까지 내려가는 것은 사실이다.

에서의 트렌드라면 어떤 자동차 회사도 거역할 수 없다. 저렴한 모델에서는 올터네이터 이용이 증가하고 있지만(P0) 이것도 전동화이다. 엔진과 변속기 사이에 모터를 넣는(P1) 방법도 늘어날 것이다. 변속기 장치와 모터를 합체시킨 미디엄PHEV(P2)도 주목받고 있다.

모터는 회전하기 시작한 직후에 효율이 가장 뛰어나다. 그 뒤로도 고효율을 유지하기는 하지만, 어느 시점부터 급격히 효율이 떨어진다. 효율이 떨어지면 전력소모가 커진다. EV에서 최고속도를 다투는 것은 모터를 감속하지 않는 한 난센스이다. 감속을 전기적으로 할 것이냐 기계적으로 할 것이냐 같은 기술적 측면은 젖혀 두고, 저회전 영역에서는 토크가 없고 효율도 나쁜 내연기관과는 정반대 의미에서 고회전 영역으로 쓰지 않는 전동 모터의 사용방법이 과제이다.

전동 모터의 회전수를 효율이 좋은 범위 안에 있게 하기 위해서 변속을 한다. 그러기 위해서 기어비를 적용하는 것이다. 이런 개념은 '엔진연비의 핵심구간'에 회전을 머물게 하는 CVT와 비슷하다. 예를 들어 엔진을 2000~3000rpm에서 사용하고 부족한 토크를 전동 모터의 중회전 이하 영역에서 보충할 수 있다면 파워트레인 전체로서의 효율은 높아

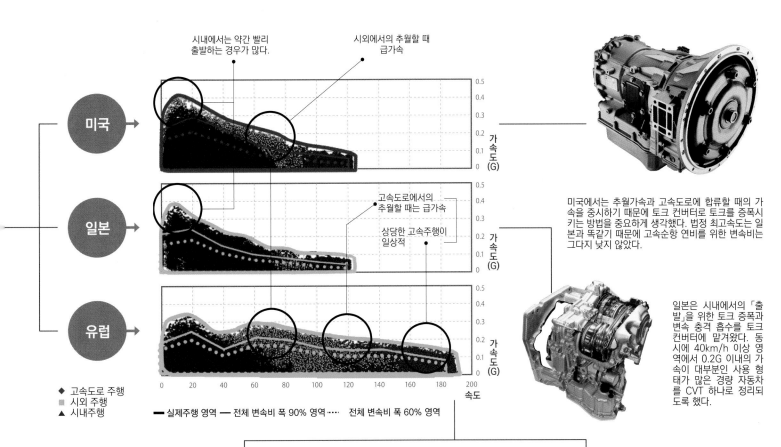

시내에서는 약간 빨리 출발하는 경우가 많다.

시외에서의 추월할 때 급가속

미국

일본

고속도로에서의 추월할 때는 급가속

상당한 고속주행이 일상적

유럽

가속도(G)

◆ 고속도로 주행
■ 시외 주행
▲ 시내주행

0 20 40 60 80 100 120 140 160 180 200
속도

━ 실제주행 영역 ━ 전체 변속비 폭 90% 영역 ┈ 전체 변속비 폭 60% 영역

미국에서는 추월가속과 고속도로에 합류할 때의 가속을 중시하기 때문에 토크 컨버터로 토크를 증폭시키는 방법을 중요하게 생각했다. 법정 최고속도는 일본과 똑같기 때문에 고속순항 연비를 위한 변속비는 그다지 낮지 않았다.

일본은 시내에서의 「출발」을 위한 토크 증폭과 변속 충격 흡수를 토크 컨버터에 맡겨왔다. 동시에 40km/h 이상 영역에서 0.2G 이내의 가속이 대부분인 사용 형태가 많은 경량 자동차를 CVT 하나로 정리되도록 했다.

좌 : FR상용차용 ZF 다이너 스타트
독일에서는 속도무제한 구간이 크게 줄어들었지만, 유럽은 일본보다 상용속도 영역이 높아서 많은 나라에서 130km/h 주행을 당연하게 생각한다. 때문에 모터를 같이 사용하는 발상에 있어서도 일본과 다르다. ZF는 출발장치 대신에 모터를 장착했다.

우 : 다이렉트감을 선호
일본에서 NSK/JATCO가 하프 트로이덜 AT를 실용화했던 시절에 ZF도 시제품을 만들고 있었다. 하지만 비용인 측면 때문에 양산까지는 이르지 못했다. 250만 원 스텝AT와 1000만 원짜리 하프 트로이덜 AT를 차별화할 수 있는 결정적인 요소가 없었다.

진다. 의외로 모터는 타성이 크기 때문에 급격한 감속은 힘들지만 그 점을 엔진 브레이크와 변속으로 보완하면 운전성능을 악화시키지 않아도 된다. 개별 전동 모터와 변속기의 조합이 아니라 엔진까지 포함해서 변속시키는 사용방법이 앞으로 주류가 될 가능성이 높다. 전동 모터를 장착한 변속기 같은 경우는 기계적 변속 수가 적어도 된다. 모터 회전수를 제어해 비슷한 변속 수를 만들어낼 수가 있기 때문이다. 게다가 제어 프로그램의 자유도가 상당히 높다. 시장별 '선호도'에 맞추기 위해서 기계설계를 변경할 필요 없이 이 부분을 제어로 커버할 수 있다. 시장별 하드웨어를 따로 나눌 필요가 없다는 뜻이다. 동시에 기존 하드웨어와 합체하는 것도 가능해서 CVT와 전동변속기 같은 조합도 충분히 있을 수 있다. 전동 모터를 내장한 변속기가 주목 받는 이유 가운데 하나가 이 폭넓은 대응

력 때문이다.

무엇보다 이것이 갑자기 가능해진 것은 아니라는 사실이다. 전동 모터와 2차전지의 사용법이 익숙해진 결과이다. 그리고 이 경험은 순수 EV의 어려움도 같이 드러내 보였다. 과거 일본을 비롯한 여러 나라에서 정부나 지자체가 두터운 EV보급정책을 펼쳤음에도 불구하고 대량보급에는 이르지 못했다. 2차전지 성능이 아직 낮아서 에너지 밀도가 액체연료의 1000분의 1에 불과했다. 그런데도 가격은 비쌌고, 충·방전 회수는 1000번이 한도였다. 발전상황은 동시에 몇 십만 대의 EV가 충전을 할 수 있을 만큼 여유가 없었다. 당분간은 내연기관과 전동 모터가 각각 약점을 서로 보완하면서 사용하는 방법이 가장 현실적이다. 또는 전동 모터를 내장한 변속기를 사용하는 방법도 있다. 어느 정도 비율로 전동에 의존하느냐는 주행 전체 속에서 어떤 속

도영역을 많이 사용하는지, 최고속도 요구가 어느 정도 정도인지 등의 조건에 따라 달라진다. 조절은 앞서 언급했듯이 제어로 바꿀 수 있다.

또 변속기라는 모습을 갖추고 있는 이상, 출발 장치는 정통적인 건식 클러치부터 습식 클러치와 토크 컨버터까지 선택할 여지가 있다. 변속장치도 유성기어 세트, 평행 축, 벨트&풀리와 같이 현재의 자원을 사용할 수 있다. 변속기가 없어지는 것이 아니라 변속기 형태가 바뀔 뿐이다.

당연히 전동화 비율이 낮거나 또는 전동화되지 않는 차량이 계속 남는다. 적도 지역에 위치한 나라에서는 현재의 2차전지를 거의 사용할 수 없다. 이러한 이유 때문에 10년 후에도 연간 약 5천만대의 MT수요가 있을 것이라는 예측은 매우 타당하게 들린다. 이 점을 잊어서는 안 된다.

시장예측은 언제나 어렵다.
IHS 오토모티브의 견해는 이렇다.

향후 변속기는 단순히 시장의 '선호도'뿐만 아니라 연비규제나 기술개발 동향에 좌우될 것이다.
그런 점에서는 자동차 판매대수 예측보다 훨씬 어렵다고 할 수 있다.
세계적 시장조사와 전문기업 IHS에게 변속기의 미래에 대해 물어보았다.
본문 : 마키노 시게오 사진 : 아이신 AI/IHS/VW/마키노 시게오

2017년
시점에서의 예측

기술개발 동향에 따라서 점유율이 크게 바뀔 가능성이 있다.

세계 변속기 세력판도에서 아직 주류는 MT이다. 일본은 카테고리에 따라서는 거의 CVT로 바뀌었는데 이렇게 제품 지향적인 선택이 이루어진 사례는 드물다. 구조적으로 보면 극히 편중되어 있다. 그래프를 살펴본 느낌으로는 스텝AT의 감소분을 다른 제품이 흡수하고, 그로 인해 전체 세력판도가 몇 % 정도 범위에서 바뀐다는 것이다. 최근의 유럽 기사에서 볼 수 있는 극단적인 EV화는 소비자가 선택하지 않을 것이라고 보는 것이 타당하지 않을까.

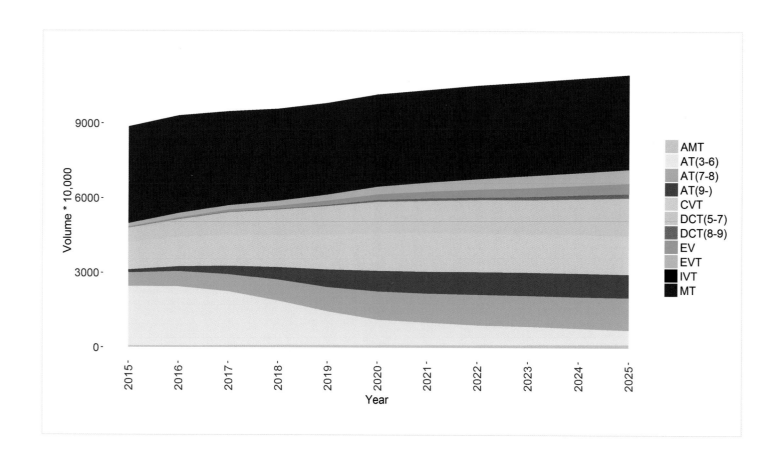

변속기 점유율은 어떻게 바뀔까. 그래프가 IHS 오토모티브(이하, IHS)의 대답이다. 2016년까지는 실적값, 2017년 이후는 예측값이다. 자동차 세계판매 대수가 계속해서 증가하고 있지만 과거 예측에 비하면 상승 정도는 둔화하고 있다. 2025년도만 보더라도 1억 1천만대가 될까 말까할 정도로, 예전의 예측과 비교하면 300만대가 줄어든 수치이다.

이처럼 예측은 매년 약간씩 달라진다. 전 세계의 현상을 바탕으로 미세조정을 하고, 필요하다면 모든 수치를 다시 정립한다. 그것이 미래예측이다.

일단 변속기 점유율에서의 특징은 MT(Manual Transmission)차량 판매대수에 있어서 2015년도 실적과 2025년도의 예측에서 별로 차이가 없다는 사실이다. 총수요가 증가한 만큼 MT비율이 2015년도 실적의 43%에서 2025년에는 35%로 약간 감소하기는 하지만, 현재의 MT 사용자가 AT와 DCT, CVT 등으로 갈아타도 새롭게 유입되는 사용자층 가운데 일정 비율은 MT를 선택한다는 뜻이다. 전체에서 3분의 1이 조금 넘게 8년 뒤에도 MT를 이용한다는 예측이다.

2025년에 EV/EVT(Electric Variable Transmission)는 2015년도 실적의 5배

2012년
시점에서의 예측

세계의 변속기 점유율을 예측할 때 최대의 불확정 요소는 중국이다. 이 그래프는 2012년 시점에서의 IHS 예측으로, 우측의 설명도 그 시점에서 한 것이다. 2013년에 중국에서는 VW의 건식 클러치형 7단 DSG(DCT와 동의어)를 38만대나 리콜하는 사태가 발생했다. 당시 현지 미디어에서는 "VW이 예상하지 못한 방법으로 사용하는 사례가 많았다"고 전하기도 했다. 현재 중국제 VW그룹 차량에는 습식DSG와 아이신AW 제품의 6단 스텝AT를 탑재하고 있다. 골프를 예로 들면 반 정도가 아이신의 AT이다.

■ MT	■ CVT	■ EVT	■ 9AT	■ 9DCT
■ 8DCT	■ 8AT	■ 7DCT	■ 7AT	■ 5DCT
■ 6AT	■ 6DCT	■ 3-5AT	■ 5DCT	■ AMT

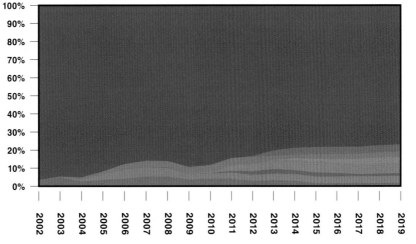

세로
Longitudinal type

MT가 압도적으로 많은 중국의 세로형 그래프로서, 대부분은 상용차 데이터이다. 승용차 세로배치는 독일 메이커의 프리미엄 브랜드가 대부분으로, 절대적 수는 적은 편이다.

아래 왼쪽 : 중국 독립회사(비국영)인 체리자동차는 보쉬로부터 벨트를 조달한다는 전제로 2008년 무렵에 CVT 개발을 시작했다. 2010년의 오토차이나(베이징 모터쇼) 때 사진 같은 시제품 CVT를 출품한 이후에는 독자개발을 단념했다.

아래 오른쪽 : 중국 국영인 베이징자동차도 CVT를 개발했지만 현재이 프로젝트는 중지된 상태이다. 대신에 일본의 아이신AW와 자트코에 조달을 타진하고 있다. 중국에서 일본의 변속기 메이커가 사업을 확대할 것 같은 분위기이다.

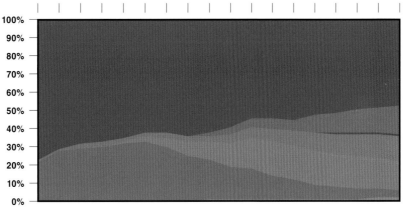

가로
Transverse type

7DCT의 확대가 적다. 현지에서 생산하는 메이커도 있어서 그 영향이 앞으로도 많다는 생각이다. 그리고 CVT에는 거부감이 없어서 점유율도 확대될 전망이다.

를 넘어선다. 전체 중에서는 10%에 못 미치지만, 판매 대수는 서서히 증가할 것이라는 예측이다. CVT는 2015년도 실적과 비교해 매년 소폭의 증가세를 보이다가 2025년에는 전체의 약 14%에 도달할 것으로 IHS는 예측한다.

현재 CVT를 탑재한 차량 대부분은 일본 메이커의 제품이지만 여기에 중국 메이커들도 가세할 가능성이 있다는 것이다. CVT는 일본을 포함해 아시아 지역의 변속기라는 이미지가 강하다.

DCT(Dual Clutch Transmission)는 2015년도 실적과 비교해 2025년 시점의 예측은 2배이다. 현재는 7단이 주류이지만 고성능 차에서는 8~9단이 등장할 것으로 예측하고 있다. 주요 시장은 유럽일 것이다.

한편 스텝AT의 경우 2015년도 실적은 전체의 약 34%이지만 2025년 예측에서는 26%로 후퇴할 것으로 보인다. 그 중에서도 3~6단 AT의 감소가 두드러지고, 주류는 7~8단이 될 것이라는 예측이다.

시장조사 전문기관인 IHS가 예측하는 2025년의 변속기 지형은 현재보다 MT와 스텝AT 비율이 줄어들고 DCT와 EV 계열의 증가이다. 그렇다고 급격한 증감은 아니고 완만한 추세를 나타낼 것으로 본다. 현재 전 세계가 전동화 추진 일색이기는 하지만, 특별하게 EV가 환영받고 있다는 분위기는 적어도 판매실적상으로는 느껴지지 않는다. 브랜드별, 모델별로 보면 일본 내에서는 닛산의 노트 e-POWER, 유럽과 미국, 중국에서는 고가의 테슬라가 눈에 띄는 정도이다. GM의 쉐보레 볼트 2세대는 아직 미지수이다.

덧붙이자면 중국에서는 2017년도 시점에서 50모델 정도의 EV를 판매했었는데, 2018년도부터는 전년의 판매실적에 따라 메이커마다 일정수의 EV 또는 PHEV 판매를 의무화하는 신에너지 차 규제를 시작했기 때문에 계속해서 증가 추세이다. 첫해에는 목표를 달성하지 못해도 기업에 대한 벌금을 부과하지는 않았지만 2년째 이후에는 벌금을 도입하고 있다.

앞 페이지에 게재한 예측 그래프의 배경에 대해서 IHS 측에 물어보았다. 먼저 스텝AT의 다단화에 대해 "이제 어느 정도 잠잠해질까 아니면 아직도 끝이 아닌가"하고 물어보았다.

대답은 "선진국용 다단화 변속기 개발은 잠잠해질 것", "앞으로는 기존 변속기의 효율향상 등과 같은 개량 및 전동 모터와의 조합에 주력할 것"이었다. 2017년에 10단 스텝AT가 4종류나 출시되었는데, "앞으로도 계속해서 11단, 12단이 등장할 것인가?" 라는 질문에 대해서는 자동차 메이커 모두 "그럴 계획은 없다"라고 선을 그었다. 미국 자동차 메이커 2곳에 대해서는 미국에 주재하는 저널리스트를 통해 확인한 바로는 "10단이 최적"이라고 생각한다는 대답을 듣기도 했다.

변속기에 전동 모터를 내장하는 방법에 대해 본지는 독일 엔지니어링 기업 IAV가 제안한 DHT를 소개하기도 했는데, 이러한 사례가 증가할 것으로 보느냐는 질문을 던져보았다.

"전동 모터를 엔진 쪽에 붙일지 아니면 변속기에 내장할지, 방식은 갈리겠지만 공간적 여유가 있는 세로배치 변속기에서는 변속기 안에 모터를 내장하는 타입이 증가할 것으로 예상한다." IHS의 대답은 이랬다.

지금 유럽에서는 엔진 밖에서 벨트를 통해 동력을 전달하는 올터네이터 사용 P0에서, 변속기 내 모터를 사용함으로써 더 적극적으로 구동력을 지원하는 P3까지 몇 가지 타입의 HEV가 등장하고 있다.

이른바 마이크로 HEV부터 마일드 HEV

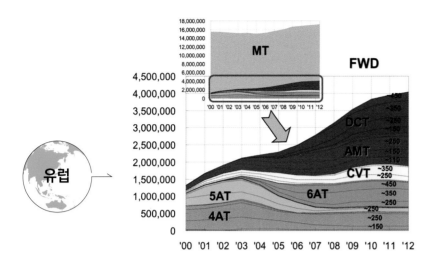

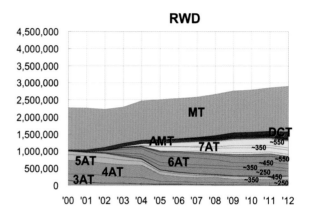

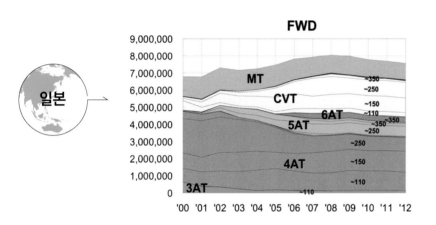

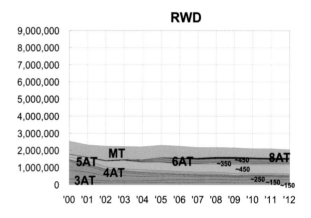

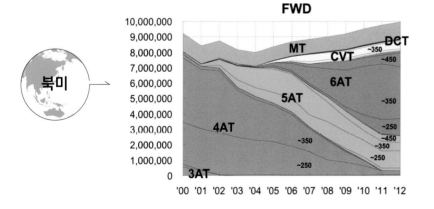

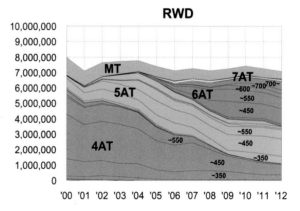

IHS Automotive

뿐만 아니라 모터를 내장하는 변속기 같은 경우에는 토요타의 THS 정도의 섬세한 엔진·모터 구동력 제어가 가능하다. 10년 쯤 전에는 "HEV는 만들지 않을 것"이라는 자세를 보였던 유럽 메이커들이 현재는 가장 HEV화에 적극적이다.

다음으로 신흥국 시장에서의 변속기 수요에 대해 물어보았다. 앞으로 세계 판매 대수 증가분을 끌어갈 곳은 아세안이고 인도이고 중남미이다. 아프리카는 조금 더 다음이겠지만, 어떤 식이든 적도에 위치한 지역이다.

그래서 리튬이온 2차전지를 사용하는 EV 도입은 가격적 측면에서도 어려운 것이다. IHS는 "주류는 당분간 MT라고 생각한다. 다만 자동변속기 가격이 내려갈 경우에는 인도 등에서 수요가 크게 확대될 가능성이 있다"고 말한다. EV는 아니다.

VW에 의한 DCT 적용이 경쟁사들에게 충격을 주었던 무렵

앞 페이지의 여섯 개의 그래프는 2007년 시점에서의 IHS 오토모티브 예측이다. 이런 예측의 토대는 각 지역에서 축적한 실제 도로 상 주행 데이터로서(43p 그래프 참조), 변속기에 대한 시장요구가 어디에 있느냐를 파악하는 지점에서 시작된다. 그런 의미에서는 실천적일 뿐만 아니라 기술적 배경도 파악하고 있다. 반면에 일본에서 서브 변속기를 장착한 CVT가 등장하고 그것이 경자동차를 중심으로 단숨에 확대되는 사태까지 예측하기란 매우 어려운 것도 사실이다.

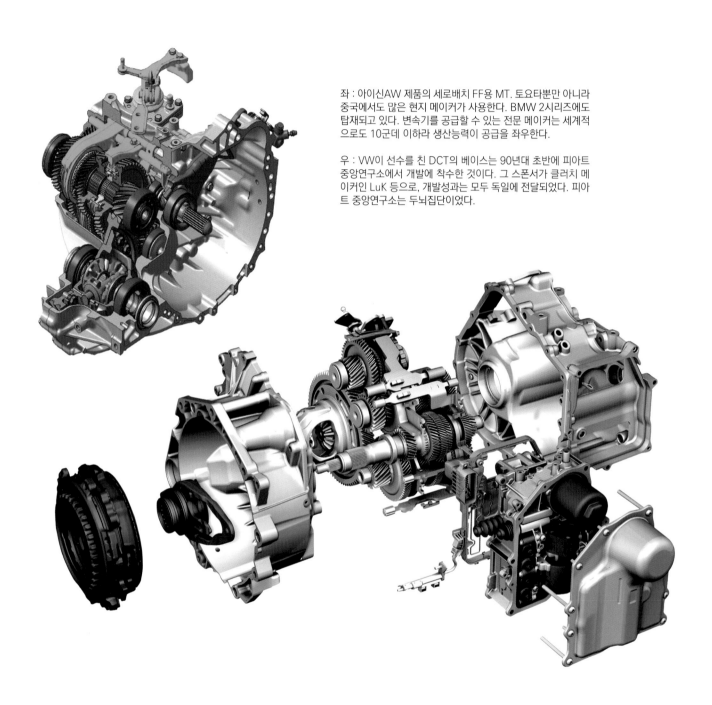

좌 : 아이신AW 제품의 세로배치 FF용 MT. 토요타뿐만 아니라 중국에서도 많은 현지 메이커가 사용한다. BMW 2시리즈에도 탑재되고 있다. 변속기를 공급할 수 있는 전문 메이커는 세계적으로도 10군데 이하라 생산능력이 공급을 좌우한다.

우 : VW이 선수를 친 DCT의 베이스는 90년대 초반에 피아트 중앙연구소에서 개발에 착수한 것이다. 그 스폰서가 클러치 메이커인 LuK 등으로, 개발성과는 모두 독일에 전달되었다. 피아트 중앙연구소는 두뇌집단이었다.

인도에서는 스즈키가 클러치 페달이 없는 AMT(Automated MT)인 AGS(스즈키의 명칭으로 Auto Gear Shift)를 도입했더니 예상 외로 잘 팔리고 있다. MT를 안 쓰게 된 일본 시장에서는 '한 박자 쉬는'

것 같은 싱글 클러치방식의 2페달은 전혀 인기가 없지만 MT에서 갈아타려는 나라라면 사정이 다르다. 다만 IHS의 예측으로는 2025년 시점에서도 AMT 수요는 "미미할 것"이라고 한다.

일본 내에서 다수파로 자리한 CVT에 대해서도 물어보았다. 대답은 다음과 같다.

"저·중 토크 엔진용(200Nm 이하)으로서는 가격과 연비가 균형을 이루고 있습니다. 한편 구조상으로 서브 변속기를 이용하지 않고 기어비 범위를 넓히기는 어려우므로 앞으로 대폭적인 연비향상을 노리기는 어려운 상황이죠. 연비향상을 추구하려면 모터를 조합하는 등, 변속기 자체의 개선 이외의 부분이 필요합니다. 다만 소비자 측에서 보면 CVT의 운전감도는 개선된 상황이고, 연비가 개선된다고 해서 가격까지 비싼 변속기가 요구되는 상황은 아니기 때문에 앞으로도 CVT차는 계속될 것으로 보입니다.”

마찬가지로 DCT와 스텝AT에 대해서도 CVT 상황과 비슷하다고 보고 있다. “이 이상의 다단화가 상품성 향상으로 이어진다고 보기는 어렵고, FF계열에서는 8~9단, FR계열에서는 10단 이상의 다단화가 필요한 상황이라고 보지는 않는다.”라는 것이다.

“자동차 메이커의 개발 우선순위를 보면 자율운전과 전동화를 우선시 하고 있지, 변속기 자체의 다단화를 전 세계적으로 추진한다고 계획하고 있지는 않다. 따라서 앞으로는 변속기에 모터를 조합하는 기술 등, 변속기 외적인 부분에 개발 자원을 할

	2015	2016	2017	2018	2019	2020	2021	2022	2023	2024	2025
AMT	800000	880000	910000	870000	820000	780000	780000	830000	870000	900000	850000
3-5AT	6000000	4800000	4000000	3150000	2800000	2560000	2320000	2170000	2160000	2220000	2260000
6-7AT	20000000	19400000	17100000	15000000	12800000	10980000	9850000	9340000	8840000	8650000	8600000
8-10AT	5100000	7000000	10300000	13400000	15600000	17560000	18690000	19100000	19520000	19660000	19870000
CVT	9900000	10600000	11600000	12500000	13200000	13400000	13580000	13880000	14060000	14170000	14220000
5-6DCT	2200000	2400000	2100000	1500000	1500000	1550000	1630000	1670000	1650000	1760000	1850000
7-8DCT	3700000	4700000	5700000	6400000	6900000	7400000	8100000	8400000	8900000	9000000	9200000
MT	40600000	41600000	43000000	44100000	447000000	45500000	46100000	47000000	47900000	48600000	49300000

2014년
시점에서의 예측

거대시장·중국 현지 메이커가 변속기 전략을 다 세우지 못했을 무렵

IHS 예측은 하나의 시나리오일 뿐만이 아니다. 이 표는 14년 시점에서 변속기를 예측한 일부로서, 전부 더해도 세계판매대수 예측과 합치하지는 않지만 트렌드를 파악하기에는 충분하다. 이 시점에서 DCT는 9단까지도 예측되었다. 각 연도별 집계방법은 「기업비밀」이지만 아마도 메이커별, 카테고리별로 집계한 다음에 더욱 세밀한 예측까지 더해진 것 같다. 이런 예측 데이터에는 사실 자동차 메이커나 서플라이어도 상당히 주목한다.

당할 것이다. 또한 토요타가 4단 변속 트랜스 액슬을 적용한 후륜구동 HEV용 변속기를 선보였듯이 모터와 변속기의 조합은 유럽에서 고속순항이 요구되는 차종에서는 더욱 활발히 진행될 가능성이 있다.”

IHS의 이런 예측이 말하듯이 이번 변속기 취재에서 ‘모터+적은 기어 수’의 변속기를 자동차 메이커나 변속기 메이커 모두 상당히 의식하고 있다는 인상을 받았다. 엔진의 약한 영역을 피하면서 모터가 힘들어하는 고회전 운전도 피하기 위해서이다.

엔진을 과감하게 버리는 일은 없겠지만 모터의 지원을 받아서 “더 엔진다운 운전 성능을 발휘할 수 있도록 하겠다”는 방향이다.

결론을 말하자면, 2025년이 되더라도 변속기의 세계적 최대 세력은 MT이고, 스텝AT와 DCT 그리고 CVT가 상응하는 분담을 가질 것이다. 현재와 큰 차이가 없는 구도이다. 하지만 모터와의 조합은 증가하고 전동화는 더욱 활발히 진행될 것이다.

INTRODUCTION 3

엔지니어링 기업 IAV의 제안
모터 내장 4단 DHT

연비규제 강화로 인해 파워트레인의 전동화가 필수가 되고 있다.
독일 IAV는 리덕션 오브 스피드/리덕션 오브 스프레드 관점에서
토크 전달을 위해 반드시 모터가 들어가는 DHT를 제안하고 있다.
본문 : 마키노 시게오 사진 : IAV

주차 잠금이 내장된 최종감속 기어

주차 잠금이 내장된 최종감속 기어 / 엔진과 변속기를 체결하고 분리하는 입력용 다판 클러치. 체결할 때는 엔진+모터, 분리한 상태에서는 모터로 주행한다.

(→) IAV Power Hybrid

IAV가 제안하는 B세그먼트 FF 스포츠카용 모터를 내장한 변속기. 엔진은 2.0ℓ 과급 가솔린엔진(최고출력 195kW)을 상정하고 변속기 길이를 360mm 이하로 억제하는 패키징. 최고속도는 엔진+모터에서 270~300km/h, EV주행에서 160~299km/h, WLTP 연비는 4.0ℓ/100km로 진행.

3~7단 중 어떤 것이 최적일까

파워트레인 통합을 통해 3~7단, 스텝 비율과 감속비 폭을 고려해 계산한 결과를 그래프로 나타낸 것이다. 기어와 체결요소, 유압 시스템 등과 같은 손실요소까지 고려한 결과, 요구되는 성능에 대해서는 4단이 최적이라는 결과를 얻었다.

2페달용 자동변속기를 처음부터 개발하는 경우, 필요한 기본구상 검토기간만 하더라도 짧아도 1~2년은 걸린다. 계획하는 엔진과 요구값으로서의 허용입력 토크, 탑재차량의 가속성능이나 최고속도, 변속기에 요구되는 길이×최대직경 및 무게와 같은 물리적 요소와 그것을 달성하기 위해 필요한 기어 스프레드(최하단 기어와 최고단 기어비 폭), 그리고 가격, 슈퍼컴퓨터를 사용해 오로지 계산만 계속하더라도 몇 개월에서 1년 이상이 걸린다. 그

리고 컴퓨터에서 뽑아낸 샘플 가운데 유망한 것만 고른 다음, 부품조달까지 포함해 검토하고 나서 최종적으로 몇 가지 타입으로 좁힌다. 이 단계에서는 서플라이어와 장기구매 계약이나 정치적 요소도 끼어든다.

IAV가 제안하는 파워트레인 통합은 이런 변속기 사양결정 작업을 지원하는 방법이다. 탑재할 차량의 특성이나 허용되는 가속소요시간, 지역마다 다른 '선호도'같은 부분까지 조건을 넓혀 모든 가능성 속에서 답을 이끌어

내는 방법이다.

"기본적으로 기존 부품을 유용하겠다는 접근방식이 아닙니다. 현재의 기술이나 기준으로만 성능을 상정하는 것도 아니죠. 통상적으로 생각지 않는 방식이나 후보에 넣지 않을 것 같은 기어 단수와 기어비 설정 등, 자동차 메이커나 기존 변속기 메이커가 상정하지 않는 영역까지 검토대상을 넓힙니다. 엔지니어링 회사라야 가능한 제안을 하는 것이죠. 다만 변속기 내부 설계는 기어 회전속도 측면이나 입력토크 측면에서도 부하가 적은 방향을 제안합니다. 검토단계에서 '파손되는 순서'에 대한 정확도를 높이는 겁니다"

파워트레인 통합에 대한 작업 흐름은 그림과 같다. 탑재할 차량의 출시 5년 전에 검토를 시작하고, 약 2년 동안 변속기 기본설계를 한 다음 출시 전까지 3년째 단계에서 양산설계에 돌입하는 식의 스케줄이다. 다양한 조건 하에서 복수의 후보(4~5가지 타입)를 추려내서 구체적인 계산에 들어간다. 여기서 고객이 제안을 받아들이면 더 구체적인 설계로 돌입한다.

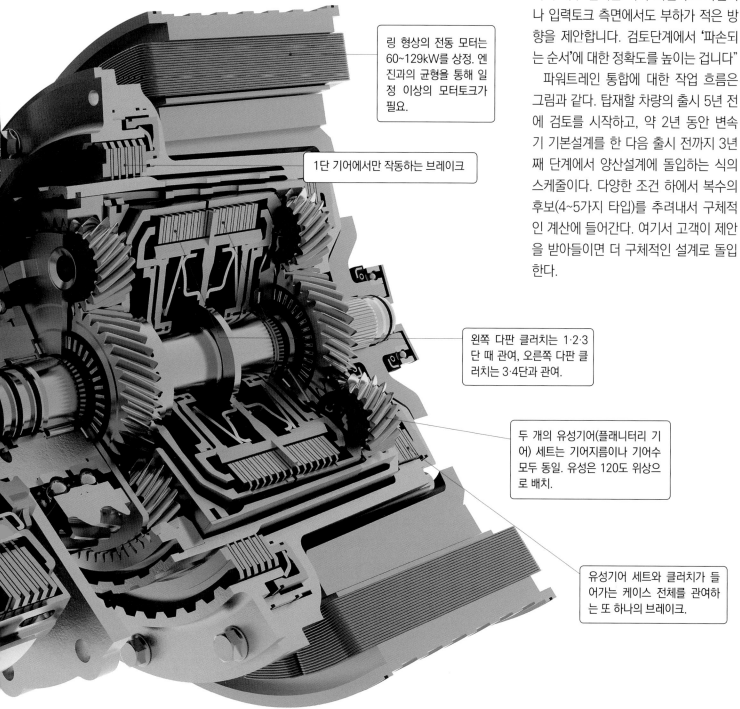

링 형상의 전동 모터는 60~129kW를 상정. 엔진과의 균형을 통해 일정 이상의 모터토크가 필요.

1단 기어에서만 작동하는 브레이크

왼쪽 다판 클러치는 1·2·3단 때 관여, 오른쪽 다판 클러치는 3·4단과 관여.

두 개의 유성기어(플래니터리 기어) 세트는 기어지름이나 기어수 모두 동일. 유성은 120도 위상으로 배치.

유성기어 세트와 클러치가 들어가는 케이스 전체를 관여하는 또 하나의 브레이크.

CO₂ 배출목표를 달성하기 위해서는…

CO₂ 배출 감축폭을 어디서 확보할 것인가. 각각의 항목에 대해 IAV는 제안할 것이 있다. HEV화를 통해서는 15~40%를 확보할 수 있지만 어떤 수단으로 그것을 확보할지는 탑재할 차량이나 요구되는 성능에 따라 달라진다. 파워트레인 통합 초기단계는 이런 것에 들어간다.

아래 왼쪽 : 일본의 JC08모드에서 검토하면

고객이 일본 자동차 메이커일 경우는 일본 내의 JC08모드에서 검증한다. 모터 출력과 특성, 조합하는 변속기의 기어비 및 기어수에 따라 대응책이 달라진다. 전체적인 최적의 대응책이 일본시장에서도 최적의 대응책이라고 단정할 수 없는 것이다.

아래 오른쪽 : 기능·성능을 바탕으로 한 대응책은 거의 비슷하지만…

단순하게 유럽은 DCT가 최적이고 일본은 유성기어 방식의 스텝 AT가 최적이라는 뜻은 아니다. 다양한 운전 상황을 상정하고 엔지니어의 감각까지 포함한 최적의 대응책을 도출한다. 어떤 계산결과를 선택할 것인가는 개발 팀에서 결정한다.

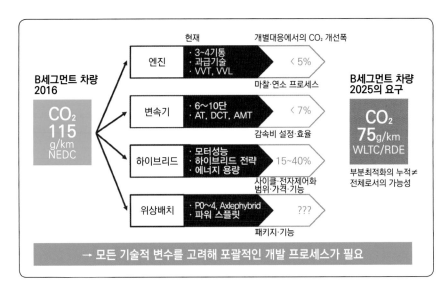

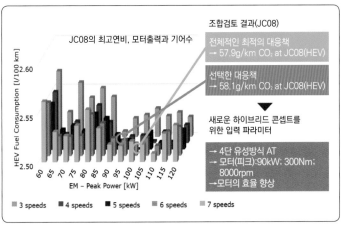

현재 IAV가 추천하는 것은 4단 정도의 변속단을 갖고 토크가 전달되는 과정에서 반드시 모터가 들어가는 변속기이다. DHT(Dedicated Hybrid Transmission)를 번역하면 복합(혼합) 동력차 전용 변속기이다. 유럽에서 P2HEV로 불리는, EV(전기자동차) 주행이 가능하고 엔진+모터의 합계출력을 변속하는 방식이다. 모터를 작동시키지 않고 엔진만으로도 주행할 수 있다. 앞 페이지의 4단 DHT는 아직 실제 장치가 아니라 가상의 모델이다.

"제안하는 것은 리덕션 오브 스피드와 리덕션 오브 스프레드입니다. 모터나 엔진 모두 고회전에서 사용하지 않을 것, 기어 단수는 적고, 작으면서 고효율을 추구할 것, 그러나 엔진+모터에서의 절대적인 성능은 향상시킨다. 이것이 목적입니다."

여기서 소개하는 DHT는 2.0ℓ 과급엔진과 조합한다는 구상으로, HEV 상태에서의 최고속도는 300km/h까지 적용한다. 고성능 스포츠카를 겨냥한 것이다. 그런 한편으로 일본 JC08모드에서의 연비(즉 CO₂ 배출)도 고려한다. 설명을 듣고 이것은 스트롱

HEV라는 인상을 받았다. 엔진은 최대토크 200~350Nm에 전동 모터는 60~120kW를 구상하지만, 이 글에서 제안한 사례는 300Nm/90kW 사양이다.

"앞으로 전동화는 필수라고 생각합니다. 기어수와 스프레드를 추구하면서 변속기는 다단화되어 왔는데 모터가 기어수와 스프레드 비율을 훌륭히 보조해 줍니다. 우리는 8~10단 AT가 계속해서 증가하리라 보지 않습니다. 모터와 배터리 가격이 어떻게 되느냐에 따라 달라지겠지만, 토크가 전달되는 과정에서 반드시 모터 토크가 들어가는 DHT는 유망하다고 봅니다."

이 4단 DHT의 스텝 비율은 1.68이다. 기어 스프레드 측면에서 보면 7단도 괜찮다. 하지만 IAV는 "여러 측면에서 검토한 결과 4단으로 정했습니다. 7단이나 4단이 똑같다면 구성부품이 적은 4단을 선택하지 않을 이유가 없죠."라고 말한다.

이 4단 DHT 제안을 어떤 자동차 메이커가 가장 먼저 채택할까. 상당히 흥미로운 대목이다. 일본에서 개최한 기술발표 회장에서는 일본의 자동차 메이커 및 변속기 메이커의

관심이 높았다고 한다. IAV는 베를린에 본거지를 둔 엔지니어링 회사로, VW(폭스바겐) 그룹이 50%, 콘티넨탈이 20%, 셰플러그룹이 10%를 출자하고 있다. 베를린 공과대학에서 독립해 나온 기업으로, 독일 내 자동차 관련 기업들과 몇 가지 프로젝트를 진행 중이다. 파워트레인 분야에만 약 400명의 엔지니어들이 있다. 의뢰를 받고 나서 개발에 착수하는 것이 아니라 테마별로 독자적인 연구개발을 하면서 제안하는 경우가 많다고 한다.

돌아보면 왜 일본에는 이런 기업이 없을까 하는 생각이 든다. 유럽에는 대학에서 독립한 자동차 엔지니어링 회사가 있는가 하면 연구 분야별로 허브 역할을 하는 대학도 존재한다. 대학은 실전에 참가하기 위해 준비하는 훈련장이라는 인식을 갖고 있기 때문에 인턴십을 통해 모의전투를 경험시킨다. 일본의 문부과학성은 미국 잡지 「네이처」에 실릴 만한 분야의 연구만 평가하지 일본경제를 짊어질 기계분야에는 전혀 흥미가 없었다. 결과적으로 일본 자동차산업을 떠받칠만한 수의 엔지니어를 확보하지 못하게 될 것이다. 여기서 독일과의 차이가 절실히 느껴진다.

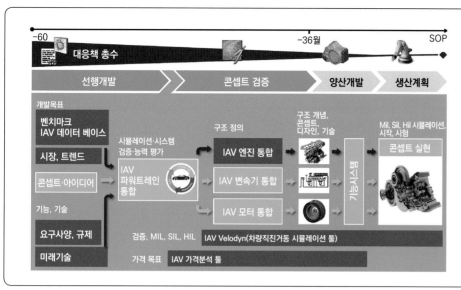

시판 36개월 전까지
변속기 사양을 결정하려면…

선행개발에서 변속기 사양을 좁히고, 파워트레인 통합을 통해 구조를 간추린다. 변속기만 하는 경우도 있지만 엔진이나 모터까지 포함해서 검증하는 경우도 있다. 이것은 오더에 따라 달라진다. 다만 양산개발 단계에서도 IAV는 시제품을 만들지 않는다. '시제품보다 많은 계산을 돌리는' 개발이 메인이다.

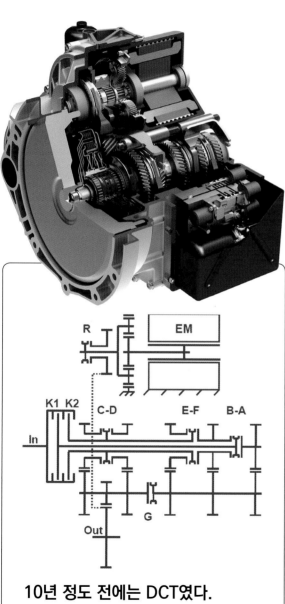

10년 정도 전에는 DCT였다.

VW의 DCT(DSG)를 바탕으로 전동 모터를 추가한다는 제안. 2005년 무렵 유럽에서는 "DCT야 말로 최적"이라는 분위기가 있었다. 그런 속에서 IAV는 이런 전동화를 제안한 것이다. 마찬가지로 9단 DCT에 모터를 넣고 전동화하는 방식도 진행했다.

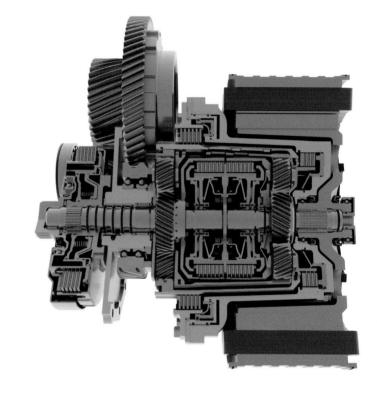

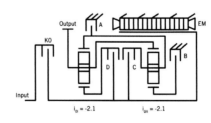

Gear	Brake		Clutch			i	φ
	A	B	C	D			
1						3.10	
							1.85
2						1.68	
							1.68
3						1.00	
							1.47
4						0.68	

마나타메 켄지

- IAV 주식회사
  엔지니어링부
  프로젝트 매니저

크리스토프 댄저 박사

- IAV 개발 엔지니어
- 파워트레인 개발부
- 파워트레인 콘셉트/
  파워트레인 통합팀

Specifications

변속수	4단		모터	영구자석형
변속비	1st : 3.538		모터 최대출력	132kW
	2nd : 1.888		모터 최대토크	300Nm
	3rd : 1.000		모터 최고회전수	9,300rpm
	4th : 0.650		축전지 전압	310.8V
구동력배분장치 변속비	0.436		PCU전압	650V

MG1/MG2

얇은 전자(電磁) 강판을 겹쳐서 코어를 만든 다음, 발전기 MG1은 둥근 단면의 동선을, MG2는 4각 단면의 동선을 각각 감아서 스테이터를 만든다. 기존 LHD는 MG2도 둥근 단면에 감았었다. 이런 제작법은 상당히 익숙한 방법으로, 토요타는 모터의 설계·내제화까지 포함해 전기구동 노하우를 상당히 축적했다. 회전부분인 모터는 가려서 안 보이지만 고회전형 FR의 주행 중인 모터 내 온도는 120℃를 넘을 때도 있어서 프리우스 등과 같은 FF차용보다 희토류 함유율이 많은 자석을 사용한다.

NV대책

엔진과 직결된 HEV는 엔진의 연소진동이 기어와 스플라인을 흔들 뿐만 아니라 4단 변속장치 내에서는 다판식 브레이크의 플레이트가 미세하게 움직인다. 토크 컨버터가 있다면 이 정도는 신경 쓰이지 않을 정도로 억제할 수 있지만, 토크 컨버터가 없는 MSTH는 일일이 대책을 세운다.

전체 구성

앞단이 발전기, 유성기어 세트, 모터로 구성된 THS, 후단이 유성기어 2세트를 사용하는 4단 변속장치. THS의 출력을 4단계로 '변속'하는 구조이다. 모터와 엔진 출력을 합류시킨 다음에 변속시키기 때문에 엔진출력에도 기어비가 관여한다. 로 기어 쪽에서는 토크를 증가시키고, 하이 기어 쪽에서는 OD(Over Drive) 효과를 얻는다.

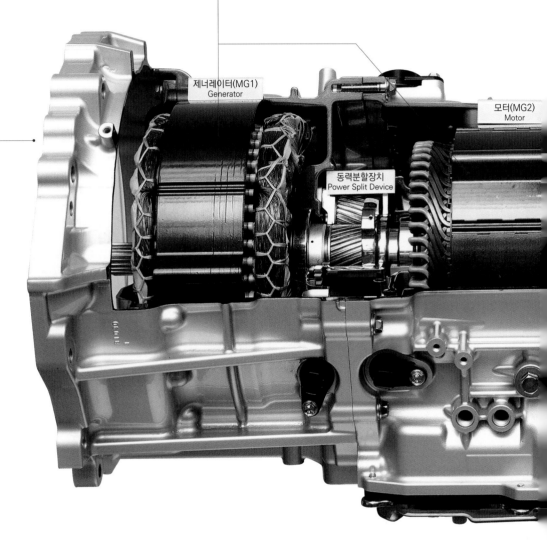

제너레이터(MG1) Generator
모터(MG2) Motor
동력분할장치 Power Split Device

Illustration Feature
Motor+Simplified Transmission

1

CASE

[최신 변속기 사례]

최신 변속기, 그 중에서도 전동 모터 내장 기종을 중심으로 검증해 보겠다. 연비·배출가스 최우선 시대를 맞아 '변속'의 의미와 그 방법은 크게 달라졌다.

TOYOTA Multi-Stage Hybrid Transmission

4단 변속으로 유사 10단을 만들다.

토요타의 하이브리드 시스템이라고 하면 전기 CVT같은 연속 무단계 변속이 대표적이다. 그런 속에서 등장한 FR 프리미엄용 장치는 마치 정반대 스텝AT같은 제어가 근본이다.

본문&사진 : 마키노 시게오 그림 : 토요타/아이신AW

4단변속 부분

2~6단까지 검토한 결과, 연비와 기어박스 크기, 변속 품질 차원에서 4단으로 결정했다. 고속주행 때는 엔진도 OD로 사용하겠다는 의도이다. 다음 페이지의 그래프 3rd에 상당하는 것이 기존 LHD의 하이 쪽이다. 회색으로 표시한 부분이 4단화에서의 연비 몫이다.

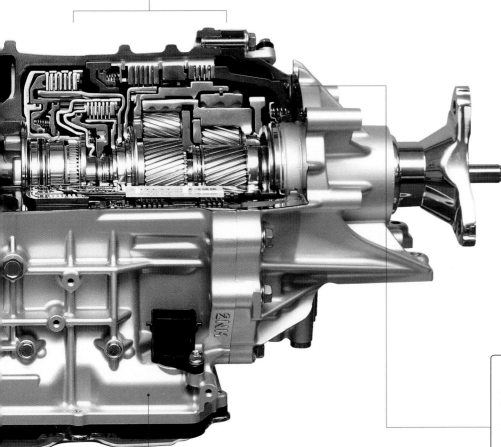

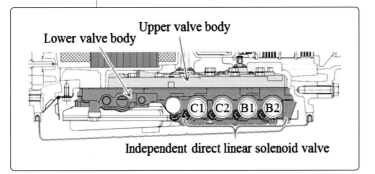

Upper valve body

Lower valve body

C1 C2 B1 B2

Independent direct linear solenoid valve

지난 1997년에 시판된 초대 프리우스는 세계 최초의 양산 하이브리드 차(HEV; Hybrid Electric Vehicle/토요타 자동차는 HV이라는 약어를 사용하지만 본지는 일반적 호칭인 HEV라고 표기한다)였다. 프리우스의 등장은 세계를 놀라게 하기에 충분했다. 다음 해에 열린 NA-IAS(디트로이트 모터쇼)에서는 각사 수뇌부에게 "프리우스에 어떻게 대항할 계획인가"라는 질문이 쏟아지면서 전시장을 프리우스 충격이 뒤덮었던 기억이 난다. GM과 다임러, BMW 3사가 연대를 맺어 '2모드 방식'으로 토요타에 대항하겠다는 선언을 한 것도 이미 지난 이야기이다.

이후 토요디 자동차는 HEV기술올 발전시키고 동시에 파생 모델도 개발한다. 한편 아이신그룹은 포드용 HEV 시스템 개발을 통해 이 분야에 관여해 오다가 2003년 이후에는 토요타 자동차와의 공동개발에 나선다. 이번에 토요타 자동차와 아이신AW는 후륜구동차용 제3세대에 해당하는 멀티 스테이지 하이브리드 변속기(이하, MSHT)를 개발해 렉서스 LS500h에 탑재했다.

지난 20년 동안의 HEV를 뒤돌아보면 발전과정에 운전편리성과 연비라는 테마가 있었다. THS(Toyota Hybrid System)은 발전기·엔진·전동 모터를 유성기어 세트로 접속시켜서 발전기 부하로 연속 무단계로 변속하는 '전기 무단

체결요소

클러치 2개/브레이크 2개와 OWC(One Way Clutch: 표기는 F1)의 체결요소. 항상 결합 2개소/분리 2개소이다. 스텝비율이 비교적 커서 기어로 결정되는 변속기를 더욱 엔진회전으로 가변시킴으로써 유사 10단으로 만든다. 다만 저속주행 때는 스텝변속을 많이 하지는 않는다.

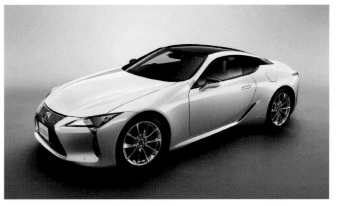

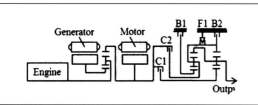

그래프 세로축: 이론전달효율 — 90%, 80%, 70%
가로축: 기어비 — 4.0, 3.0, 2.0, 1.0, 0

1단 신형 시스템 2단 3단 4단

기존 LHD시스템

효율이 향상된 영역

시내에서 주행할 때의 기어비 사용빈도 분포 (합계 100%)

고속도로에서 주행할 때의 기어비 사용빈도 분포(합계 100%)

전용으로 설계한 유성기어 세트

통상은 6단으로 설계하는 변속비를 4단으로 설계하기 때문에 전용 유성기어 2세트이다. 이것으로 시스템 스테이지 변속장치를 구성한다. 중심에 위치하는 선기어 지름은 앞쪽 유성기어가 크다. 일반적으로 기어의 허용회전수를 높이면 지름이 커지고, 허용 토크를 높이면 날기어 날 길이가 긴 쪽(톱날의 맞물림) 방향이 필요하다.

Generator Motor B1 F1 B2 C2 C1 Engine Output

MG2와 4단 기어의 관계

상단 그래프는 1~4단 기어비가 엔진/MG2 출력에 어떻게 접목되는지를 나타낸 것이다. 하늘색 부분이 4단화되면서 받아들일 수 있게 된 효율상승 부분이다. 기존 로/하이 전환방식 LHD로 고속 주행할 때는 3단에 해당하는 주행이었다. 아래 그림은 변속기어의 구조도. 엔진과 모터의 합계출력이 4단 변속장치로 유도된다. 우측 표는 클러치/브레이크의 결합 상태. 1단에서만 OEC가 체결된다.

Table.1 Clutch application and shift assignments

		Clutch application				
		C1	C2	B1	B2	(F1)
R		○			○	
D	1st	○			○	○
	2nd	○		○		
	3rd	○	○			
	4th		○	○		

변속기'로 탄생했다. 일본 시장에서는 이 무단 변속이 받아들여지면서 토요타 자동차의 HEV라는 장르를 확립했다. 그러나 무단을 허용하지 않는 시장도 있어서, 그런 곳에서는 러버밴드 필링(고무줄이 당기는 듯한 감각)이라고 야유를 받기도 한다.

MSHT 개발목적은 이것을 장착할 FR차의 연비향상이었다. THS의 전기적 효율은 기어비가 높아지면서 향상되고, 발전기(MG1) 회전이 제로인 기어비일 때 이론상으로는 가장 좋아진다. 거기서 기어비가 더 높아지면 효율은 떨어진다. 엔진을 멈추지 못해 차량정차로 인한 에너지 회생도 사용하지 못하는 고속영역에서는 가령 일정한 속도로 순항할 때도 연비가 향상되지 않는다. MSHT는 하이/로 2단 감속을 없애고 THS 출력축 후단에 4단변속 장치를 추가한 것이다. MG2 및 엔진 회전수를 낮춰 구동력 전달효율을 높이려는 수단이다. "가장 큰 목적은 고속순항 연비의 향상입니다. 출발과 정지가 빈번한 시내에서는 에너지 회생을 통해 연비를 향상

시킬 수 있지만 고속에서는 불가능합니다. MSHT는 LHD(Lexus Hybrid Drive)에 변속폭이 넓은 4단 변속장치를 합체시킨 것입니다. 0.650~3.538의 변속비를 적용했죠. 이를 통해 MG1 회전이 제로가 되도록 제어함으로써 구동력 전달효율을 향상시킵니다."

주목할 것은 이 기어비이다. 0.650~3.538을 4단으로 나누었다. 최소부품으로 최대의 연비효과를 계획한 결과라고 한다. 동시에 탑재할 차종이 렉서스 LC이기 때문에 이 4단을 더 전기적으로 변속시켜 최적의 스텝 비율을 가진 10단으로 했다. HEV에서도 주행 리듬과 운전하는 즐거움을 맛보게 하겠다는 렉서스 측의 의도였다. 렉서스 LS500에 10단 AT를 탑재하기로 결정했을 때, HEV의 LC500h에도 새로운 HEV 운전편리성을 추구한다는 개발목표를 설정했다.

"기존 LHD는 우선 엔진 회전수를 올리고 나중에 속도가 상승하는 식의 단절 없는 변속이었지만, MSHT는 완전히 반대입니다. 엔진 회전 상승과 속도의 관계가 통상

적인 스텝AT 자동차처럼 직선적이면서 단절 없는 변속이 아닌 리듬이 있습니다. 개발 당시에는 엔진 회전수를 바꾸지 않고 리듬이 안 생기게 만들려고 했다가 10단으로 하면서 최고속도 250km/h까지 달릴 수 있는 HEV, 동시에 당초 목표대로 고속순항 연비가 좋은 HEV를 지향하게 되었죠. 어떤 상황에서도 요구하는 토크를 발휘하고 도약성능이 느껴지는 변속 리듬으로 만들겠다는 것이 목적입니다."

전기 무단변속기(기계식 4단)를 10단으로 사용한다. 1단 기어비는 4.701이고 10단이 0.589이다. AT로 말하면 6단 상당의 변속비 폭에 해당한다. 기계적 스텝 비율은 1→2단이 1.87, 2→3단이 1.88, 3→4단이 1.53이다. "필요한 구동력과 고속연비 관계를 따져 변속비 폭을 정한 다음, 그것을 거의 균등하게 나누었다."라고 말한다. 10단 변속 가운데 3→4단, 6→7단, 9→10단이 기계변속으로, 이때만 MG2 회전수가 바뀐다. 이 이외의 변속은 MG2 고정에서

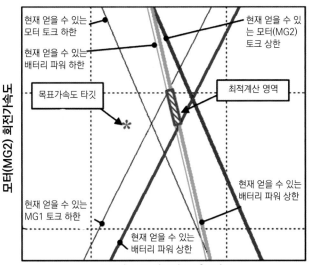

모터(MG2) 회전가속도

현재 얻을 수 있는 모터 토크 하한

현재 얻을 수 있는 배터리 파워 하한

목표가속도 타깃

현재 얻을 수 있는 MG1 토크 하한

현재 얻을 수 있는 배터리 파워 상한

현재 얻을 수 있는 모터(MG2) 토크 상한

최적계산 영역

현재 얻을 수 있는 배터리 파워 상한

Angular acceleration of engine

위 : 3밀리 초마다 계속 지시를 내린다.
지면(즉 지구)과 접하고 있던 차량이라고 하는 거대한 관성과의 접촉이 풀리고 클러치·브레이크 같은 체결요소가 분리되거나 연결되는 불안정 상태가 되면, 차량을 구동하던 에너지가 THS 내의 유성기어에 전달되기 때문에 최악의 경우는 MG2가 파괴될 정도까지 된다. 그래서 유성기어 세트가 받는 토크와 회전수를 정밀하게 제어하기 위한 프로그램이 개발되었다. 이 그래프는 세로축이 MG2 회전가속도, 가로축이 엔진(즉 MG1) 회전가속도를 나타낸다. 녹색의 사선으로 감싸인 위치로 각각의 출력과 토크를 가져오면 4단 변속이 제대로 이루어진다.

렉서스 LC500h
렉서스의 럭셔리 쿠페로 탄생한 LC는, 5.0ℓ V8 자연흡기 엔진을 탑재하는 LC500 모델 및 8GR-FXS형 3.5ℓ V6 자연흡기 엔진과 THS를 조합한 파워트레인을 탑재하는 500h 모델 2종류가 있다.

안도 일쿠오
렉서스 파워트레인 제품기획부 주간

오치하타 마나부
렉서스 제품기획 주간

아타라시 도모오
아이신AW 기술본부 HV기술부 차장

MG1 회전만 움직이게 해 마치 변속되었는지 못 느낄 정도로 엔진회전을 미세하게 올리고 내린다. MT차를 변속할 때 운전자가 클러치와 엔진 회전수를 맞추듯이 똑같은 동작을 전기적으로 하는 것이다.

기계적으로 보면 기존 기술을 조합한 것처럼 보이지만 사실은 전혀 다르다. 2005년에 시작한 개발은 처음부터 5~6년 동안 변속 프로그램 기초에 소비했다고 한다.

"통상적으로 장치의 출력은 그대로 타이어로 들어가서 지면과 접한 차량이라는 큰 관성물체에 의해 고정되는데, 타이어와 THS 사이에 4단 변속기를 넣고 거기에 변속을 위해 변속기 안의 클러치와 브레이크를 단속시킬 필요가 있을 때는 MG2 회전수와 4단 변속기 내의 변속동작을 잘 동기시켜야 합니다."

그 이유는 지면과 접한 차량이라는 관성물체 세트가 받는 토크와 회전을 정밀하게 제어하지 않으면 이 4단 변속이 성립되지 않기 때문이다. 엔진, MG1과 MG2가 각각 과회전이 되지 않도록 하는 제어는 결코 단순하지 않다. 그래서 엔진과 MG1, MG2의 관성과 4단 쪽 클러치 용량이라는 4가지 변수를 실시간으로 계산함으로써 변속할 때의 각 변수를 최적화하는 알고리즘 기초를 구축하는 데에만 약 5년을 투자했다.

"사전에 프로그램을 만들어 3mm초마다 상시적으로 연산하게 함으로써 모든 변수나 조건을 조회해서 피드백시키는 제어입니다. 모든 조건하에서 계산식이 흐트러지지 않도록 조건을 묶어놓았습니다. 계산에 필요한 데이터는 HEV 시스템 안에서 완결되기 때문에 이 제어는 다른 차종에도 그대로 적용할 수 있습니다. 고생은 했지만 확장성이 가능해진 것입니다."

현 시점에서 사용할 수 있는 MG1 및 MG2 토크의 상한과 하한, 배터리 입출력 파워의 상한과 하한 이 3가지 요소는 항상 유동적이지만 그런 속에서 최선의 조합이 되도록 하는 제어라고 한다. 즉 완전히 새로운 제어가 필요했다는 것이다.

기계적 측면에서 보면 MG1과 MG2, 엔진의 토크를 합류시킨 다음에 4단 변속이 이루어지기 때문에 엔진도 언더 드라이브 기어비를 사용할 수 있다. 로 기어 쪽에서 구동력을, 하이 기어 쪽에서 연비를 절약하는 장치이다. 프리우스가 E리치(전기주역)이라면 이 MSHT는 E린(전기보조역)으로, 감속비를 취해서 구동력을 확보한다.

단 차량탑재 요건은 기존 LHD와 마찬가지로 교체방식이라 시스템의 치수제한이 엄격하다. 그리고 효율 향상을 위한 세부적인 개량. 이런 부분은 마찬가지로 렉서스 LC에 탑재된 10단 AT와 동일하다.

현재의 THS는 MG1과 MG2를 다른 축에 배치함으로써 양쪽 모두를 주행성능에 사용하는 PHEV로 발전했다. E리치를 추구한 것이다. 같은 HEV라도 이 MSHT는 마치 다른 방향의 E린과도 같다. 그야말로 토요타다운 전개가 아닐 수 없다.

AGS 하이브리드의 충격

스즈키의 AMT+모터는 얼마나 부드러울까?

작고 가벼우며 전달효율이 뛰어난 자동(Automated) MT인 AGS를 일본에 도입한 스즈키.
유일한 단점은 저속 기어에서 시프트 업할 때의 토크 단절. 그래서 하이브리드로 전환하면서
모터를 사용해 그 단점을 보완하도록 제어하고 있다. 상세한 개발 과정에 대해 엔지니어에게 들어보았다.

본문 : 세라 고타   그림 : 스즈키   사진 : MFi

스즈키의 "마일드 하이브리드"

스즈키의 하이브리드 시스템은 전방 가로배치 타입이다. K12C형 1.2ℓ 직렬4기통 자연흡기 엔진(67kW/118Nm)에 AGS라고 부르는 5단
AMT를 조합한다. 변속기를 매개로 하지 않고 구동력을 직접 구동축에 전달하기 때문에 변속기의 출력축 쪽에 MGU(교류동기 모터/제너레이터
유닛)를 배치한다. MGU 출력이 작다는 점, 실내에서 떨어진 곳에 있다는 점 등의 이유로 주행 중에 전자음(電磁音)을 느끼는 경우는 거의 없다.

스즈키는 2016년 11월 29일에 솔리오와 솔리오 밴티드에 하이브리드 모델을 추가한 이후, 2017년 7월 12일에는 스위프트에도 하이브리드 모델을 추가한다. 시스템은 공통으로, AGS(Auto Gear Shift)라고 하는 5단 AMT(Automated Manual Transmission) 출력축에 10kW/30Nm짜리 MGU(Motor/Generator Unit)를 배치하는 구조이다. 리튬이온 전지와 인버터 등을 일체화한 파워 팩은 트렁크 아래, 원래는 스페어타이어가 들어가는 공간에 탑재한다.

메이커로서 처음 하이브리드 시스템을 개발하게 될 때 모터와 조합할 변속기에는 복수의 선택지가 존재한다. MT 베이스, AT, CVT, DCT에서 선택이 가능한 것이다. 스즈키는 AMT를 선택한다.

"당사는 A세그먼트, B세그먼트가 메인인 회사입니다. 때문에 A와 B세그먼트에 적용하는 하이브리드 시스템도 경량·소형이어야 하죠. 이것이 출발점입니다" 하이브리드 시스템 개발에 관여하는 야마모토 미치야스씨의 설명이다.

"그러면서 변속기는 어떤 것이 최적일까를 생각했죠. 가볍고 작아야 한다는 관점에서 보면 MT가 가장 가볍습니다. 다만 하이브리드이므로 자동화가 되어야 하죠. 그렇게 생각하면 우리한테는 막 내놓은 AGS가 있었던 것이죠. AGS는 가볍고 작습니다. MT가 바탕이므로 전달효율이 매우 뛰어나죠. 그래서 AGS에 모터를 조합해야겠다고 생각한 겁니다."

AT나 CVT도 검토했지만 무게나 체적 측면에서 AGS와는 상대가 되지 않았다고 한다. 스즈키의 하이브리드 시스템은 모터를 장착한 상태에서 CVT와 비슷한 크기에도 불구하고 오히려 CVT보다 가볍다. CVT와 모터를 조합하는 경우에는 크고 무거워질 뿐만 아니라 좁은 엔진 룸 안에 넣을 수 없다는 문제가 있었다.

모터만 놓고 보면 출력 폭에 선택의 여지가 있었을 것 같다. 그런데 왜 10kW에 그쳤을까.

"하이브리드를 놓고 볼 때 중요한 것은 회생에너지를 얼마나 낭비 없이 회수하느냐입니다. A와 B세그먼트 같은 모델은 10kW 정도면 충분히 회생에너지를 확보할 수 있습니다. 그 이상의 출력에서는 파워 감은 있겠지만 무거워지게 되죠."

스즈키는 모터 출력을 결정할 때 출력과 연비저감 효과의 상관관계에 대해서 분석했다.

"모터 출력을 높일수록 연비는 좋아집니다. 하지만 어느 지점에 가면 그 다음부터는 더 이상 상승하지를 못 합니다. 회생에너지를 회수하지 못하기 때문이죠. 그래서 어느 지점 다음부터는 회생에 의해 효율이 높아지는 것이 아니라 연료를 사용해 엔진으로 전기를 만듦으로써 효율이 올라갑니다."

엔진을 최고효율 지점에서 사용해 남는 출력으로 발전하고 에너지를 저장하는 제어이다. 스즈키는 이 저장 에너지에 대해서는 역할을 정리하고, 회생에너지를 확보하는데 특화했다. 그래서 모터 출력을 10kW 정도에 맞춘 것이다.

배터리 용량에 대해서도 마찬가지이다. 용량을 크게 하면 연비향상 효과는 높아지지만 어느 순간부터는 둔해진다. 차량 무게가 가벼워서 회생할 수 있는 에너지에 한계가 있기 때문이다. 처음에 솔리오에 하이브리드 시스템을 얹었을 때 수석 엔지니어로부터 "트렁크는 절대로 좁혀서는 안 된다."고 강조했기 때문에, 리튬이온 전지를 포함한 파워 팩을

AGS 하이브리드의 기계적 배치

스즈키의 하이브리드 시스템은 MGU 외에 ISG(모터기능이 내장된 발전기)와 스타터 모터를 탑재한다. 스타터 모터는 엔진 시동을 걸 때만 사용. 주행 중 재시동은 ISG로 한다. MGU는 회생과 주행 전용이다. 스즈키는 아이들링 스톱~에너차지(올터네이터 회생)~S에너차지(ISG에 의한 회생과 주행)와 전동 파워트레인을 진화·발전시켜 왔다. 이들 기술을 집약체가 하이브리드 시스템이다.

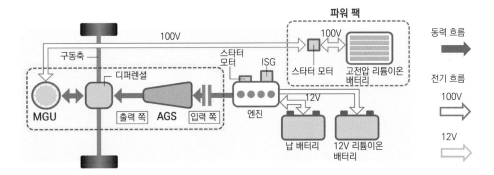

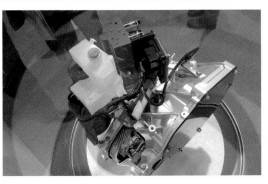

AGS 장치
매뉴얼 변속기의 변속동작을 자동화한 것이 AMT(스즈키 호칭으로는 AGS)이다. 클러치의 단속과 기어 변속&선택을 전동유압 방식(모터로 유압 펌프를 구동)의 액추에이터로 조작한다.

위 : MGU 장치
회생과 주행용 MGU(교류동기형)의 최고출력은 10kW/3185~8000rpm, 최대토크는 30Nm/1000~3185rpm. ISG(2.3kW/50Nm)를 사용하는 마일드 하이브리드 사양 차량보다 고출력·고효율 MGU를 사용한다. 수랭식.

좌 : 장치끼리의 구동 경로
감속장치의 단면 모습. 2단으로 걸리는 체인을 이용해 모터 회전속도를 감속하고(감속비는 2.2) 토크를 증폭해 구동축에 전달한다. 최종적으로는 파이널 기어로 감속하므로 전체적인 감속비는 대략 10정도이다.

스위프트에 탑재한 사례

하이브리드 시스템을 기획할 때 정한 기준은 "경량·소형·고효율"이었다. 효율을 중시한 나머지 시스템이 무겁고 커져서는 안 된다. 원래부터 좁은 엔진룸에 시스템을 넣어야 했으므로 (CVT가 아니라) AGS를 선택한 것은 합리적이었다. 차량 무게는 CVT와 조합하는 마일드 하이브리드 모델과 비슷하다. 파워 팩은 트렁크 아래에 들어가기 때문에 트렁크 공간을 별로 침범하지 않는다.

배터리 탑재

트렁크 아래에 배치된 파워 팩 모습. 원래는 스페어타이어가 들어가야 하는 공간에 배치했다. 배터리는 수냉식으로, 오른쪽으로 보이는 검은 수지 안에 냉각 팬이 있다. 냉각 바람은 실내(뒷좌석 부분)에서 들어온다.

	ISG	MGU
형식	WA05A	PB05A
종류	직류동기 전동기	교류동기 전동기
최고출력	2.3kW(3.1ps)/1000rpm	10kW(13.6ps)/3185~8000rpm
최대토크	50Nm/100rpm	30Nm/100~3185rpm
동력용 주요 전지종류	리튬이온 전지	리튬이온 전지

ISG의 WA05A는 마일드 하이브리드의 S-에너차지에서 사용하는 것과 똑같은 제품으로, 미쓰비시전기 제품이다. 하이브리드 사양에서는 모터 어시스트는 하지 않고 충전과 재시동에 사용한다. 리튬이온 전지는 도시바 제품 SCiB를 적용하고 있다.

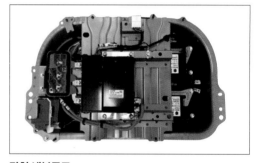

장치 내부구조

용량 0.44kWh짜리 리튬이온 전지는 히타치 오토모티브 시스템즈 제품. 전지 셀의 전압을 감지하는 전압검출 기판을 한 케이스 안에 넣음으로써 기존 제품과 비교해 작고 가볍다. 여기에 인버터와 배터리 제어 장치까지 들어가 있다.

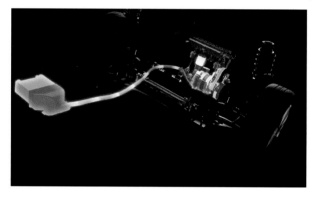

S-에너차지와의 차이

마일드 하이브리드 사양 차량(S에너차지)은 ISG로 회생한 에너지를 납 배터리와 12V 리튬이온 전지에 충전. 충전된 전기는 주행 시 어시스트 외에 엔진 재시동 때 사용한다. 하이브리드 사양 차량의 ISG는 어시스트는 하지 않고 납&12V 리튬이온 전지에 충전 및 재시동 때 사용한다.

스페어타이어를 넣는 공간에 배치했다. 용량은 0.44kWh이다. 모터를 탑재하는 위치에도 선택지가 있다. 변속기 위쪽에 배치하느냐 아래쪽에 배치하느냐이다. 스즈키는 아래쪽 즉, 출력축 쪽에 배치했다.

"AGS 적용 시 문제라면 변속할 때(업 시프트 때)의 충격을 들 수 있습니다. 모터를 사용하기 때문에 이것을 보완해야 했죠. 그러면서 출력축 쪽 배치가 결정된 것이죠. 변속할 때는 클러치가 분리된 다음 변속하고 이어서 클러치를 연결하게 되죠. 클러치가 떨어져 있을 때는 당연히 엔진 동력이 전달되지 않는데요, 그때 구동축 쪽 모터에서 타이어로 구동력을 전달함으로써 매끄러운 변속을 실현하게 해줍니다."

AMT를 탑재한 자동차를 운전할 때 가장 신경 쓰이는 것이 기어를 높일 때의 끌어당기는 느낌이다. 클러치를 분리할 때 엔진 동력이 전달되지 않으면서 감속G가 발생해 전해지는 느낌이다. 그래서 클러치가 분리되어 엔진 동력이 전달되지 않는 동안에 모터를 구동해 감속감을 보완함으로써 매끄럽게 변속되도록 하는 것이다. 이 제어를 실현하기 위해 모터는 변속기 위쪽이 아니라 아래쪽(출력축 쪽)에 배치하는 것이 합리적이다. 클러치가 분리되어 있는 동안 모터에서 얼마만큼의 토크를 발휘하면 될까. 그것은 (연산해서 구한) 차축으로 전달되는 토크를 바탕으로 결정한다.

모터의 출력과 토크는 10kW, 30Nm밖에 안 된다. 풀 액셀러레이터로 출발·가속하는 상황에서는 변속할 때 떨어지는 힘을 보완하지 못해 잡아끄는 느낌이 든다. 이미지로 그려보면, 시내에서 액셀러레이터 개도를 30% 정도 밟는 상황에서는 잡아끄는 느낌 없이 매끈한 가속을 맛볼 수 있다. 전체 영역에서 변속할 때의 저하를 보완하려면 엔진 출력과 비슷한 정도의 출력을 가진 모터가 필요하다. 그렇게 되면 모터 하나로 끝나지 않고 시스템 전체가 커지면서 무겁고 가격이 올라간다. 그렇기 때문에 명쾌하게 역할을 분담시켰다. '시내에서 즐겁게 탈 수 있는 차'가 되도록 하는데 주력한 하이브리드 시스템이라는 것이다.

어떤 역할을 하는지, 어떤 것이 장점인지.

AMT는 클러치를 분리하고 있는 동안에는 기어를 올릴 때 엔진 동력이 전달되지 않아 공주(空走)하게 된다. 운전자 의지와 관계없이 변속이 이루어지므로 G 변동에 위화감을 느끼기 쉽다. 클러치가 분리되어 엔진 동력이 전달되지 않는 동안에 모터로 구동력을 전달하면 G 변동이 없어지고, 가속은 매끈해진다. 이것이 AMT에 모터를 추가하는 가장 큰 장점으로, 이 장점을 누리기 위해서 모터를 출력축 쪽으로 배치했다.

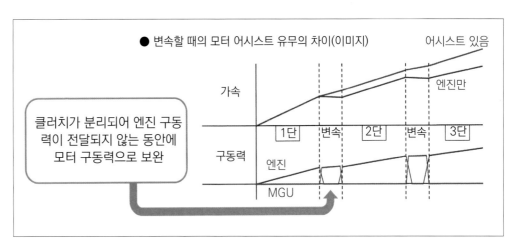

● 변속할 때의 모터 어시스트 유무의 차이(이미지)

클러치가 분리되어 엔진 구동력이 전달되지 않는 동안에 모터 구동력으로 보완

주행모드

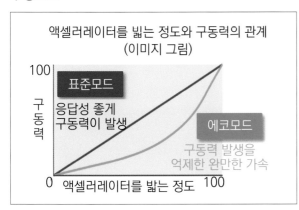

스즈키 하이브리드는 '표준모드'와 '에코모드' 2종류의 주행모드가 있다. 에코모드를 선택했을 경우에만 엔진 자동정지에 의해 정차 중일 때, 브레이크 페달에서 발을 떼면 모터에 의한 크리프(creep) 주행을 한다.

패들로 변속할 때

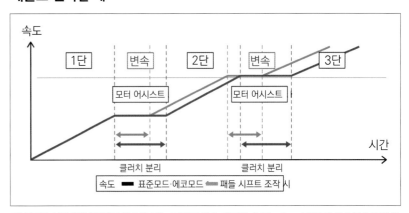

패들(고급 사양에만 장착)로 변속할 때는 클러치 단속 시간을 (100m/sec 단위로) 단축함으로써 변속을 줄인다. 변속장치의 작동시간은 바뀌지 않는다. 충격이 발생하지만 운전자가 능동적으로 변속하기 때문에 위화감을 느끼기 힘들다는 판단하에 설정한 것이다.

모터 출력이 작기 때문에 다른 방법을 택한 경우는 또 있다. 모터 출발이 시스템적으로는 가능하지만, 표준모드를 선택할 때는 기능하지 않고 에코모드를 선택했을 때만 기능한다. 출력이 작기 때문에 조금 강하게 액셀러레이터를 밟으면 운전자가 요구하는 가속도를 끌어내기 위해서 엔진이 가동하기 때문이다. 모터로 출발에 집착한 나머지 "어딘가 불만족스럽다"고 느껴질 바에는 아예 모터 출발을 하지 않는 편이 낫겠다고 판단한 것이다.

달리기 시작한 뒤에 틈이 보이면 엔진을 정지한다. 그리고는 배터리에 저장한 에너지를 이용해 모터를 구동함으로써 엔진의 연료소비를 억제하려고 한다. 다만 속도가 80km/h를 넘으면 엔진은 정지하지 않는다. 모터 주행에서 커버할 수 있는 것은 60km/h 정도까지이다. 오르막길이나 내리막길처럼 경사진 도로에서는 엔진을 정지시키지 않는다. 시동은 ISG(Integrated Starter Genera-

tor)로 건다. 특별히 주의 깊게 의식하지 않으면 엔진 시동이 걸렸는지 알아차리기 힘들다. 그 정도로 매끄럽다. 일본 내의 A, B세그먼트는 CVT가 주류이다. 그런 상황에서 스즈키는 AGS를 내세우면서 AGS 베이스의 하이브리드를 투입했다. "확신을 갖고 투입했다고는 할 수 없습니다."라고 후지미네 다쿠야씨가 속마음을 내비친다.

"(AGS에 대한) 고객의 피드백이 꼭 좋은 것만은 아니었습니다. 그런 배경도 있고 해서 이번 하이브리드로 이어졌다는 것이 솔직한 상황입니다. 원래 AGS는 인도 시장을 위한 자동변속기로 시작되었습니다. 그런 의미에서 일본 시장 투입은 큰 도전이었죠."

출력 쪽에 추가하는 모터가 AGS의 부정적인 측면을 해소할 뿐만 아니라 연비를 향상시키는 만능책일까. 단 모터를 사용해 기분 좋고, 효율적인 주행을 달성하려면 손봐야 할 것이 많이 있다.

"엔진과 변속기, 모터의 제어. 모든 것을 원만하게 조화시키지 않으면 잘 굴러가질 않습니다."라고 야마모토씨는 강조한다. "지금까지는 엔진은 엔진회사, 변속기는 변속기 전문회사로 충분했지만 이번에는 전부 모아서 당사 부서에서 하고 있습니다."

개별 장치의 성능을 최대한 끌어내 전체적으로 잘 융합시키려면 파워트레인 전체로 생각할 필요가 있다. 그러지 않으면 틈이 생기고 상품의 매력이 결여된다. 거기에 모터가 추가되지 않아도 마찬가지이다.

야마모토 미츠야스

스즈키 주식회사
전동차 개발부 제5과장

후지미네 다쿠야

스즈키 주식회사
4륜기술본부
4륜변속기
제2과장

→ CVT8 하이브리드

CVT 생산을 주력으로 하는 자트코의 CVT는 크게 경·소형차용 CVT7과 중·대형차용 CVT8 2가지로 라인업되어 있다. CVT8을 하이브리드 차량용으로 특화한 것이 CVT8 하이브리드로, 모터를 변속기에 내장하는 것이 특징. 2클러치 방식에, 출발용 장치는 토크 컨버터에서 습식다판 클러치로 변경되었다. 일본 내에서는 닛산 엑스트레일 하이브리드에 적용했다.

Illustration Feature
Motor+Simplified Transmission

CASE
[최신 변속기 사례]

엔진이나 모터 모두 더 이상 두렵지 않다.

HEV용 CVT 개발 포인트, 그리고 동력원과 변속기의 관계

효율에 대한 우수성을 평가 받으면서도 좀처럼 전 세계적으로 보급되지는 못하고 있는
CVT를 모터와 조합하면 어떤 것이 달라질까.
CVT 전문기업에게 엔진, 모터와 변속기의 새로운 관계에 대해 들어보았다.

본문 : 미우라 쇼지 사진 : 자트코

HEV라고 통틀어서 말하지만 시스템 구성은 다양하다. 실제에서는 기존 변속기가 달린 엔진 차(전통적인 차량)에 모터를 단 방식이 많다. 이런 방식은 대개 모터주행용으로 엔진과 모터를 분리하는 용도의 클러치, 발전용으로 타이어 구동력을 분리하는 용도의 클러치 2개를 갖추고 있다. 클러치&모터를 어떻게 설계해서 배치하느냐는 메이커에 따라 다르지만, 전통적인 차량에 모터를 그대로 장착하면 성립하는 식의 간단한 문제가 아니다. 두 가지 동력을 나누어서 사용할 수 있는 제어 문제 말고도, 변속기를 크게 변경할 필요가 있기 때문이다. 스텝AT 같은 경우는 토크 컨버터(Torque Convertor)가 있던 위치에 모터와 첫 번째 클러치를 설치하고, 출력 쪽에

제2 클러치를 장착하는 식으로 개조하는 것이 일반적이다. 그렇다면 CVT도 똑같은 것 아닌가하고 생각하기 쉬울 것이다.

CVT 시장에서 큰 점유율을 자랑하는 자트코(JATCO) 부품시스템 개발부의 야마모토 츠요시 주관과 제어시스템 개발부의 야마나카 마나부 대리에게 HEV용 CVT의 설계에 관해 들어보았다.

자트코의 최신 CVT인 CVT8 하이브리드는 외관만 봐서는 전통 차량용 CVT8과 별 차이가 없어 보인다. 그도 그럴 것이 개발하면서 전통 차량용 CVT와 같은 크기로 만든 다는 것을 첫 번째 목표로 삼았기 때문이다.

다른 점은 크게 3가지. 뼈대 안에 모터를 넣을 것, 엔진출력 단속용 클러치①과 구동력 단속용 클러치②를 설치하는 것이다. 이 내부 모터와 클러치①은 기존 토크 컨버터가 있었던 위치에 들어가고, 클러치②는 전·후진 전환용 클러치 공간에 장치를 바꾸어서 설치한다. 두 개의 클러치는 서로 종류가 다르다. 클러치①은 건식 다판이고 클러치②는 습식 다판이다.

모터는 기존 토크 컨버터 지름과 똑같아서 클러치①은 동일 축 안쪽에 들어간다. 모터에 클러치용 공간이 나 있어서 토크 수용량이 단판으로는 부족하기 때문에 다판화되었다. 건식으로 한 이유는 오일을 공급하는 경로를 설치하면 구조가 복잡해진다는 점, 동심원 상의 모터에 오일이 부착되지 않아야 한다는 점 그리고 단순한 단속용도이므로 반 클러치를 고려할 필요가 없다는 점이다. 이 클러치는 모터로만 주행할 때와 스로틀을 닫은 상태에서 회생할 때는 분리되고, 하이브리드 주행 때는 체결된다. 엔진 시동은 모터가 담당하므로 그때는 클러치①이 체결된다.

전통적인 차량에서는 출발장치였던 토크

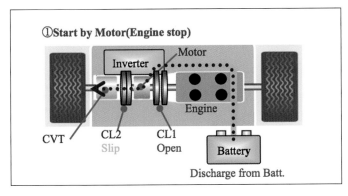

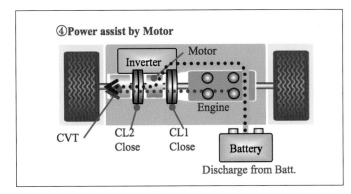

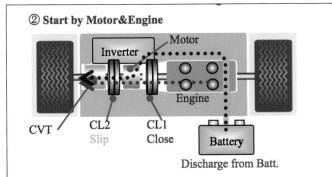

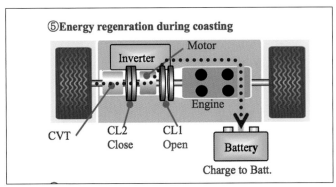

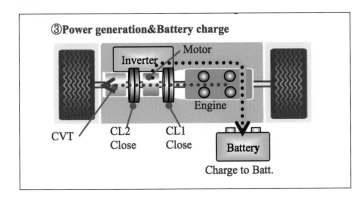

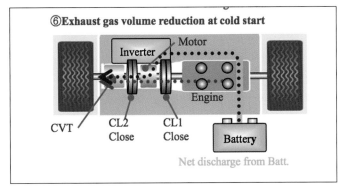

$\rightarrow$ **Mode** CVT8 하이브리드에는 6가지 운전모드가 있다. ①모터 출발, ②모터+엔진 출발, ③엔진동력으로 충전하면서 주행, ④모터의 출력 지원, ⑤모터 회생+감속, ⑥냉간 시 주행이다. 모드를 전환하는 것은 두 개의 클러치(CL). CL①은 엔진과 모터의 접속, CL②는 출발할 때의 반 클러치를 제어한다. 일반적인 HEV와 달리 출발 장치로 CL②를 사용한다는 것이 특징이다. 모드⑥은 특수용도로서, 냉간 시 엔진 회전수를 억제할 목적으로 모터를 어시스트 한다.

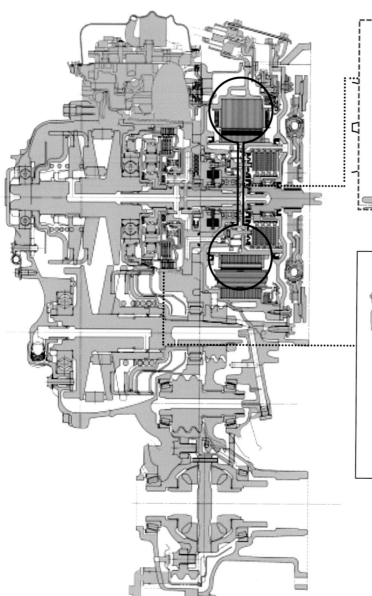

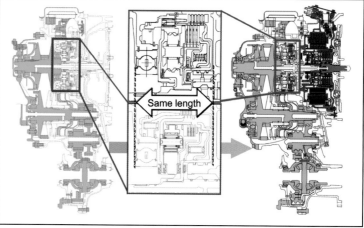

클러치1

엔진과 모터 단속용 클러치는 토크 컨버터를 없앤 공간에, 모터와 동심원 상의 안쪽에 배치. 모터 지름을 제약받기 때문에 토크 수용량을 확보하기 위해서 다판을 사용한다. 모터에 대한 배려와 복잡한 구조를 피하기 위해서 건식을 적용했다.

클러치2

클러치②는 전통적인 차량의 전·후진 전환용 클러치 공간에 배치한다. 같은 공간에 반 클러치까지 동반하면서 엔진+모터의 큰 토크를 받는 클러치를 배치하는 것이 개발하는데 있어서 큰 장벽이었다. 열용량 문제 때문에 여기는 습식 사용이 불가피하다.

두 개의 클러치

전통적인 엔진 차를 HEV로 만들 때 대부분은 모터 단독으로 주행할 수 있도록, 정차할 때 엔진동력으로 충전하기 위해서 두 개의 클러치를 갖추고 있다. CVT8 하이브리드도 2클러치 방식을 사용하지만 출발용 장치로 한 쪽 클러치만 사용한다는 점이 특징이다. 두 개의 클러치는 종류가 다르다. 출발용 클러치는 원활한 단속을 위해 습식 다판을 사용하고, 엔진과 모터의 단속용 클러치는 단순한 단속이라 건식 다판을 사용한다.

컨버터가 클러치②로 역할이 바뀌면서 위치도 뒤쪽으로 이동한다. 이 변경이 CVT8 하이브리드를 개발하는데 가장 어려운 문제를 가져왔다.

토크 컨버터는 동력단속 장치로서는 뛰어난 장치이다. 두 개의 날개바퀴나 록업 클러치 모두 케이스 안의 오일에 잠겨있어서 단속 활동이 부드럽고 유량이 충분해서 열에 대한 부하 능력도 뛰어나다. CVT가 등장하고 나서 출발장치로 사용했던 마찰 클러치가

순식간에 토크 컨버터로 바뀐 것만 봐도 그 우수성을 확실히 알 수 있다. 그에 반해 클러치는 제어가 어렵고, 토크 컨버터보다 훨씬 좁은 공간에 배치해야 했기 때문에 개발진이 열 대책을 세우는데 꽤나 고생했다고 한다.

CVT8 하이브리드는 엑스트레일 같은 SUV에 탑재된다. 그 때문에 실내 후방에 무거운 짐을 싣거나, 경우에 따라서는 예인할 때 사용하기도 한다. 그런 상황에서 급출발이나 경사길에서 출발하면 클러치의 표

면온도가 순식간에 상승해 마찰재가 기능을 상실하면서 트랙션이 걸리지 않게 된다고 한다. 고온으로 마찰재가 열화해 진동이 발생한다거나, 최악의 경우는 마찰재 자체가 벗겨져 베이스인 강판끼리 눌러 붙는 상황까지 발생한다.

토크 컨버터에서는 문제가 되지 않았던 것이 좁은 장소에 배치된 클러치에서는 변속기 기능상실로까지 이어지기 때문에 상황이 중대하다. 어쨌든 열 대책은 피할 수

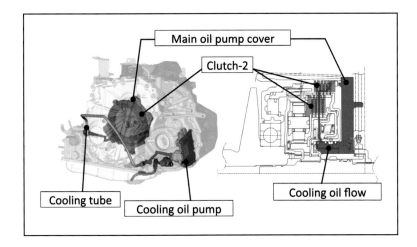

제어 오일펌프

SUV에 탑재되기 때문에 순간적인 큰 부하에 노출된다는 점을 감안하면 CVT 내의 오일만으로는 클러치 냉각이 충분하지 않다. 그래서 냉각전용 오일펌프와 오일 통로를 추가함으로써 최대 오일공급 유량을 기존 차와 비교해 20배 이상 확보할 수 있었다.

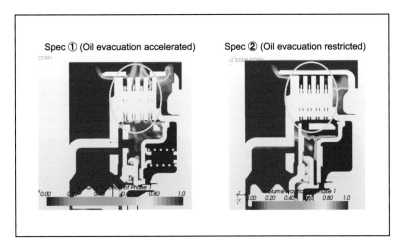

오일 흐름과 냉각효과

왼쪽은 전통적인 차량의 사양 그대로에 클러치②를 배치했을 때의 온도분포를 나타낸 것이다. 오일을 늘리는 것만으로는 원심력에 의해 오일이 출구로 튀어 나가면서 정작 중요한 클러치 표면에는 오일이 공급되지 않기 때문에 온도가 극단적으로 치솟아 오른다. 그래서 오일 출구의 지름을 좁히고 마찰재 표면의 오일 홈 형상을 개선했다.

없는 과제인 것이다.

CVT는 연비대책으로 인해 필요 최소한의 오일로 움직이도록 되어 있어서 CVT 안에 있는 오일만으로는 절대적으로 용량이 부족했다. 그래서 냉각전용 오일통로와 펌프를 설치했다. 분당 기껏해야 몇 백cc였던 것이 따로 장착한 오일펌프로 인해 분당 최대 8ℓ까지 유량을 높일 수 있었다.

오일 유량을 올려도 그것만으로는 부족했다. 몇 천rpm으로 회전하는 다판 클러치 안을 흐르는 오일이 마치 탈수기처럼 원심력에 의해 출구로 튀면서 정작 중요한 클러치 표면에는 거의 닿지 않는 것이다. 그래서 기존 오일 출구 지름을 좁힐 수 있는 만큼 좁혀서 오일이 클러치 하우징 안에 머물도록 하는 동시에, 클러치 마찰 표면에 파인 홈 형상을 개선해 클러치 표면에 많은 오일이 흘러가도록 했다. 클러치판 자체의 표면적도 기존 것보다 크게 하는 동시에, 클러치판 상호 접촉력도 균일해지도록 개량했다. 덧붙이자면 클러치판은 일반적인 다판 클러치 같이 단일 강판이 아니라 표면에 종이 계열의 마찰재를 붙인 것이다. 출발장치로 사용할 경우 이 방법이 반 클러치 때의 마찰력 추이가 매끄럽기 때문이다. 운전자가 별 신경 쓰지 않고 출발해도 대응하기가 쉽다.

이처럼 클러치를 냉각하기 위한 조치를 꼼꼼히 취했지만 클러치 온도가 크게 상승하는 경우는 출발할 때, 그것도 엄격한 상황으로 한정되므로 오일을 항상 흐르게 해서는 오히려 낭비이다. 그런 낭비를 막기 위해서는 필요할 때 필요한 만큼의 오일만 흐르게 해야 한다. 그래서 클러치 표면온도를 모니터링 했다.

그런 일이라면 온도센서를 달면 되지 않느냐고 할지 모르지만 그렇게 쉽지만은 않다. 정말로 알고 싶은 온도는 클러치판 표면온도인데, 고속으로 회전하는데다가 붙었다 떨어졌다 하는 장소에 센서를 부착하는 일이 불가능하기 때문이다. 하우징 안에 센서를 설치했다 하더라도 거기서 계측할 수 있는 것은 오일 주변의 온도밖에 안 되기 때문에 클러치판의 위기를 파악하기에는 역부족이다.

해법을 구하기 위해 이용한 것은 계산식을 통한 연산처리이다. 엔진의 토크와 클러치의 열용량, 입출력 회전차이를 바탕으로 ATCU가 클러치 표면온도를 예측. 거기서 일정 이상의 값이 도출되면 오일 유량을 올리고, 그대로 부족할 경우에는 엔진 토크를 낮추도록 제어한다. 연산에 의한 예측결과는 실제 온도와 최고치에 대해서는 거의 오차가 없을 정도로 정확하다.

이 장치를 개발하면서 가장 많은 시간을 소비한 것이 이와 같은 클러치②의 열 대책이었다. 담당자인 야마모토씨에 따르면 대책을 세우기까지는 상당히 곤란한 과정이었다고 한다. 반 클러치에서 미끄러질 때만 오일과 온도를 관리할 수 있으면 된다는 것을 이해하고부터는 쉽게 해결할 수 있었다고 한다.

말을 듣고서 문득 의문점이 떠올랐다. 왜 반 클러치를 사용할까. HEV가 출발할 때의 동력은 모터이다. 모터는 전압만 걸면 제로출발이 가능하다. 때문에 동력단속 장치

PTD | Powertrain Torque Demand

엔진과 변속기의 협조제어가 지금은 당연시되고 있지만 거기에 모터가 더해지면 제어는 더 복잡해진다. 자트코에서는 하이브리드답게 통합제어를 PTD(Powertrain Torque Demand) 차원에서 상황에 맞도록 동력원 분리사용(클러치 제어)과 제어를 관리한다. 구동력 제어는 연비대책 이론에 따르지만, 감속과 회생 시에는 배터리 잔량을 고려해 기존과는 완전히 다르게 제어한다는 점이 흥미롭다.

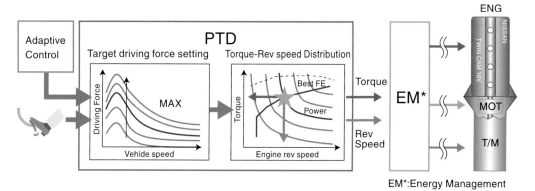

PTD 개념

가속할 때는 운전자가 원하는 토크와 스로틀 개도에 있어서 연비라고 하는 개념은 들어가질 않는다. 요구하는 토크와 회전수로부터 산출되는 출력곡선과 「연비 효율구간」을 합치시키기 위해서 ECU로 엔진과 모터, 변속을 동시적이고 적절하게 따로따로 제어한다.

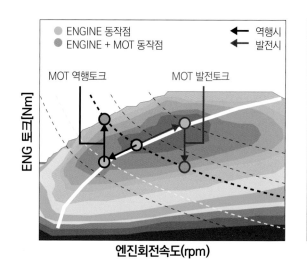

토크 요구와 변속제어

엔진 회전은 최대한 연비 효율구간에 맞춘다. 토크 요구가 있으면 회전은 높이지 않고 모터로 토크를 발휘한다. SOC가 떨어져 발전할 필요가 있을 때는 반대로 회전을 높여서 엔진으로 토크를 발휘한다. 이상적인 출력곡선(굵은 점선)에 맞추어 간다.

도 토크 증폭장치도, 즉 항상 토크 컨버터가 필요 없는 것이다. 그런 이치로 따지면 출력 쪽에 클러치가 없는 토요타는 애초부터 출발을 못한다는 뜻이 된다.

답은 「CVT이기 때문」이다.

알려진 바와 같이 CVT는 벨트로 연결된 두 개의 풀리(바리에이터) 지름을 교대로 바꾸는 식으로 기어비를 변경한다. 풀리의 지름을 바꾸려면 상대되는 풀리를 유압으로 밀거나 떨어뜨린다. 기어비가 고정된 때라도 풀리 사이는 유압으로 유지해야 한다. 때문에 엔진이 멈추면 유압이 없어지고, 엔진이 걸려도 유압이 올라갈 때까지 출발을 하지 못하니까 CVT에는 아이들 스톱용 전

동 오일펌프가 필수였다. 그런데 CVT8 하이브리드에서는 변속용 오일펌프의 동력원을 구동/발전용 모터와 직결되는 설계로 변경했다. 그러면 어떻게 될까. 정차할 때 모터를 세우면 CVT가 기능하게 않게 된다.

그래서 속도가 제로인 정차 시에도 모터는 오일펌프를 구동하기 위해 300rpm 정도에 불과하지만 돌고 있는 것이다. 이렇게 되면 기존 차와 마찬가지로 회전하는 것과 정지한 것이 출발할 때 접촉하므로 어떻게든 클러치는 필요하고, 또 매끄럽게 출발하기 위해서는 반 클러치가 반드시 필요한 것이다.

HEV용 스텝AT와 비교하면 자트코에는 스카이라인이나 후거에 들어가는 7단 AT가

있지만 이쪽은 7단이라고 하는 와이드 레인지(비율 범위가 큼)라, 4km/h에서 클러치를 완전히 체결하는데 반해 CVT8 하이브리드에서는 12km/h까지 반 클러치 영역이 계속된다고 한다. 불과 8km/h에 불과하지만 클러치에 따라서는 가혹한 차이인 것 같다.

야마나카씨에게 기계적 요건 뒤에 제어에 관한 이야기를 물어보았다.

그때까지는 변속기 제어와 엔진 토크 제어는 별개라는 개념으로 파악했지만, 모터가 끼어들자 그래서는 정리가 안 되었다고 한다. 주행할 때는 연비가 좋은 영역에 엔진 회전수를 붙이고 부족한 부분을 모터로 어시스트하는 식으로 HEV 특유의 제어를

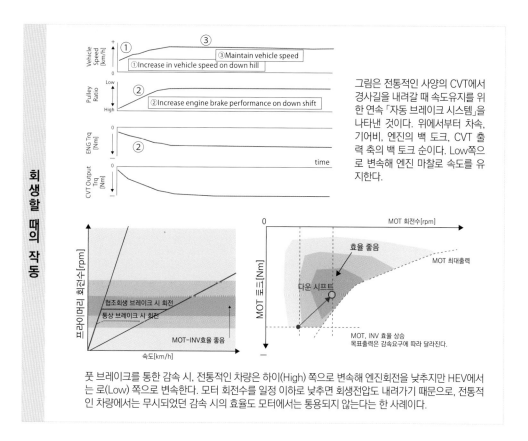

회생할 때의 작동

그림은 전통적인 사양의 CVT에서 경사길을 내려갈 때 속도유지를 위한 연속「자동 브레이크 시스템」을 나타낸 것이다. 위에서부터 차속, 기어비, 엔진의 백 토크, CVT 출력 축의 백 토크 순이다. Low쪽으로 변속해 엔진 마찰로 속도를 유지한다.

풋 브레이크를 통한 감속 시, 전통적인 차량은 하이(High) 쪽으로 변속해 엔진회전을 낮추지만 HEV에서는 로(Low) 쪽으로 변속한다. 모터 회전수를 일정 이하로 낮추면 회생전압도 내려가기 때문으로, 전통적인 차량에서는 무시되었던 감속 시의 효율도 모터에서는 통용되지 않는다는 한 사례이다.

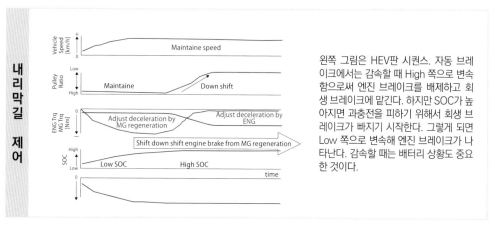

내리막길 제어

왼쪽 그림은 HEV판 시퀀스. 자동 브레이크에서는 감속할 때 High 쪽으로 변속함으로써 엔진 브레이크를 배제하고 회생 브레이크에 맡긴다. 하지만 SOC가 높아지면 과충전을 피하기 위해서 회생 브레이크가 빠지기 시작한다. 그렇게 되면 Low 쪽으로 변속해 엔진 브레이크가 나타난다. 감속할 때는 배터리 상황도 중요한 것이다.

하는 것이 기존 방식이었는데, 흥미로운 것은 감속할 때와 SOC이다. 예를 들면 브레이크를 걸 때 기존 CVT에서는 엔진 회전수를 떨어뜨리기 위해서 기어비가 높은 상태에서 감속하는데 반해, HEV에서는 모터 회전수를 떨어뜨리면 회생능력까지 떨어지게 되므로 반대로 Low 쪽으로 변속하는 식이다. 또 내리막길을 감지해 속도상승을 억제하는 '자동브레이크 기능'은 High쪽으로 변속해 회생브레이크에 맡겨두는데, SOC가 최대에 가까울 때는 회생이 듣지 않게 되므로 이번에는 Low 쪽으로 변속해 엔진 브레이크로 기능을 분담한다는 이야기이다. 어

떤 식이든 엔진 차량에서는 생각할 수 없던 제어방법으로, "HEV를 파악하면 어떤 파워트레인에도 대응할 수 있다"는 야마나카씨의 말도 이해가 갔다. HEV용 통합제어·PTD를 사용하면 파워 소스는 무엇이든 상관없는 데다가 CVT의 습성, 단적으로는 고무밴드 감각(Rubber Band Feel)도 사라지는 방향으로 바뀐다고 한다.

EV의 발전으로 인해 변속기(TM)의 존재 가치가 의문시되는 현재. 마지막으로 두 사람에게 TM의 미래에 대해 물어보았다.

"EV 등장으로 TM 제조사의 전략이 확실히 바뀌었다. 하지만 우리는 TM뿐만 아니

라 파워트레인 전체를 만들고 있으므로 자동차의 동력을 더 안전하고 확실히 제공하는 것이 당사의 역할이라고 생각한다. 또 TM제작으로 키워온 베어링이나 기어에 관한 기초기술의 중요성은 바뀌지 않는다. 그렇게 생각하면 우리의 역할은 바뀌기는 해도 끝나는 일은 없을 것이다."

EV화는 사회 상황에 따라서도 달라진다는 전제 하에, 야마모토씨는 "CVT가 됐든, AT가 됐든, 기계는 어떤 식이든 괜찮습니다. 우리는 동력 시스템을 만드는 사람들이니까요."라고 말한다. 기술은 시대에 따라 달라져도 기술자의 철학은 바뀌지 않는 것 같다.

"내연기관은 사라지지 않을 것이다."

PERSPECTIVE
[변속기 미래의 전망]

ZF가 생각하는 변속기

ZF 프리드리히스하펜은 세로배치 변속기 시장에서 큰 점유율을 자랑하며, 가로배치에서도 9단 AT를 갖고 있는 변속기 시장의 강자이다. 7, 8, 9단 AT와 DCT(일부 MT도)에서 높은 평가를 얻고 있는 ZF는 전동화 시대의 와중에서 어떤 생각을 하고 있을까? 미래 트랜스미션의 모습을 어떻게 그리고 있을까? ZF자팬의 요코하마 사무실을 방문해 들어보았다.

본문 : 스즈키 신이치(MFi) 사진 : 포르쉐/ZF/MFi

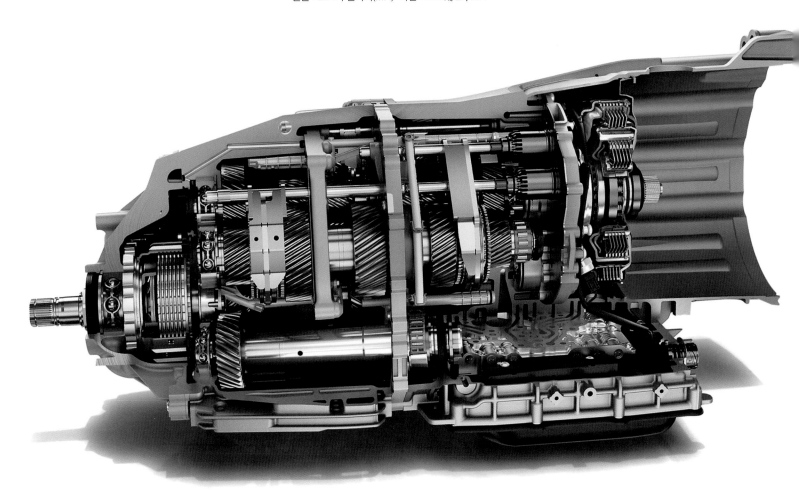

ZF 8DT for 포르쉐 파나메라

변속비 폭 11을 넘는 최신 8단 DCT

포르쉐와 공동 개발한 신형 8단 DCT. 변속비 폭이 무려 11을 넘는다. 6단, 7단, 8단은 오버 드라이브. 위 사진은 전통적인 엔진에 사용하는 8DT, 다음 페이지는 하이브리드 모듈을 적용한 하이브리드 변속기이다. 후륜구동과 전륜구동에 대응한다. 변속기 ECU(TCU)는 ZF에서 독자적으로 개발했다.

독일의 ZF 프리드리히스하펜은 최근 몇 년 동안 자동차기술 개발에 주력해 오고 있다. 그런 개발은 정평 있는 변속기 기술과 제품에 뿌리를 두고 있다. 현재는 승용 전용으로 세로배치 변속기인 8HP 시리즈(8단 스텝AT)와 7DT 시리즈(7단 DCT) 그리고 신형 포르쉐 파나메라용으로 개발한 8DT 시리즈(8단 DCT), 가로배치 변속기인 9HP(9단 스텝AT)를 라인업하고 있다.

변속기에 대한 최근 상황과 미래에 대해 알아보려면 ZF를 빼놓을 수 없다. 지금까지 몇 번이나 취재했던 ZF재팬의 변속기 전문가인 마츠다씨를 찾아가 보았다. 먼저 ZF가 갖고 있는 변속기 가운데 기어수가 가장 많은 9HP에 대해 물어보았다.

"시장에 9HP가 나오고 5년이 더 지났습니다. 당사에서 조만간 내놓으려고 하는 것은 9HP의 Gen.2(제2세대)입니다. 현재의 9HP48(토크용량 480Nm)이 성능 상으로는 만족스럽지만 제2세대에서는 연비를 더 향상시키기 위해서 변속기의 전체적인 효율을 향상시켰습니다. 또 처음 도그 클러치를 사용한 시스템을 더욱 발전시켜서 더 빨리 변속이 가능하도록 했습니다. 개선된 부분은 운전자가 브레이크를 밟아 정지하려고 했을 때, 속도가 20~25km/h끼시 널이지면 엔진이 징지해도 되도록 하는 방향으로 개발 중입니다. 엔진이 멈춰도 전동 오일펌프 없이 대응할 수 있도록 개선했습니다. 이것은 하드웨어가 아니라 소프트 개선으로 이룬 것입니다."

신형 8단 DCT는 포르쉐의 요청으로 개발했다고 한다.

"기존의 7단을 8단으로 바꾸기 위해서 카운터 샤프트를 1개 추가했습니다. 911용 7DT를 개발할 때는 전통적인 엔진이라 하이브리드 사양이라는 것을 염두에 두지 않았지만, 이번에는 하이브리드까지 감안해서 만들었죠. 포르쉐 같은 경우는 뉘르부르크링 서킷을 넷 분, 몇 초에 달릴 수 있느냐

벨 하우징 안의 듀얼 클러치 앞으로 초소형 하이브리드 모듈을 장착. 최고출력 100kW, 통상출력 55kW, 토크 400Nm짜리 모터는 EV주행에서 140km/h까지 가속할 수 있다.

ZF 8DT

☐ 1st : 5.97	☐ 5th : 1.05	☐ Rev : 5.22
☐ 2nd : 3.24	☐ 6th : 0.84	☐ Final Gear Ratio : 3.36
☐ 3rd : 2.08	☐ 7th : 0.68	☐ 변속비 폭 : 11.26
☐ 4th : 1.42	☐ 8th : 0.53	

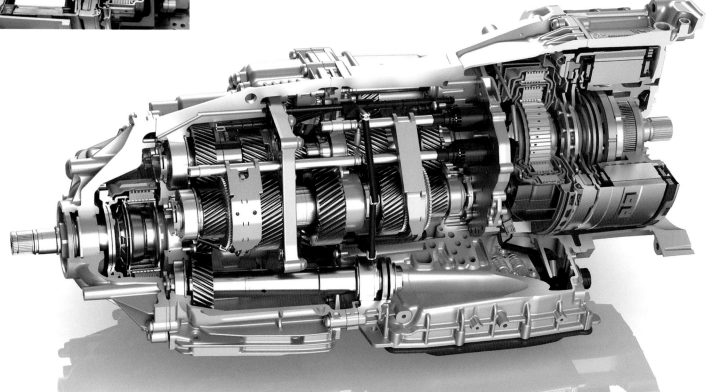

ZF 8DT+HYBRID MODULE for PORSCHE PANAMERA HYBRID

듀얼 클러치+모터를 결합한 DCT

개발 목표는 최대 1000Nm의 토크용량을 확보하는 것과 하이브리드 모듈을 결합한 상태에서 기존 7단 DCT와 똑같은 전장에 넣는 것이었다. 작게 만들기 위해서 카운터 샤프트 2개와 아웃풋 샤프트 1개로 이루어진 신형 기어 세트를 개발. 변속기 출력 손실도 7DT보다 최대 28%가 줄었다고 한다.

도 중요하게 생각합니다. 그러면 조금이라도 전체 기어 폭을 올리고, 다단화하고, 크로스 비율로 하게 되죠. 더 변속을 빨리 하기 위해서 기어 트레인을 전부 새로 짰습니다."

변속시간은 현재도 충분히 빠른데 더 이상 빨라야 한다는 겁니까? "설명을 드리자면, 시프트 업에 관해서는 아마 누구도 불만은 없을 겁니다. 하지만 시프트 다운할 때 변속이 느리면 위화감을 느끼게 되죠. 특히 유럽에서는 다운 시프트 변속시간을 줄이는 것이 아직도 중요한 과제입니다. 8HP를 개발하는 팀에게

물어보니까 끝까지 파고들면 AT가 DCT보다 빨리 변속할 수 있다고 하더군요(웃음)."

그럼 여기서 ZF가 생각하는 변속기의 미래상에 대해 물어보았다. "솔직히 하루가 다르게 기술이 발전하고 있어서 10년 앞을 예측하기도 어렵습니다. ZF는 2030년 예측까지 내놓고 있는데, 그 시점에서 전 세계의 14~15%가 FCEV까지 포함한 EV가 차지하고 하이브리드가 30 몇%, 나머지 50% 이상이 ICE(내연기관)만 사용하는 자동차가 차지할 것으로 보고 있습니다. 2030~2050년의

더 먼 미래에도 변속기가 사라지는 일은 없을 것으로 보고 있습니다. ZF는 ICE가 없어지지 않는다는 것을 전제로 사업을 추진 중입니다."라는 마츠다씨의 말이다. 다만 변속기의 콘셉트가 바뀔 것이라는 말에는 힘을 주었다.

다음 변속기는 어떻게 될까? "지금까지는 ICE용 변속기를 바탕으로 거기에 마일드 HEV를 붙인다거나, 풀 HEV를 붙인다거나, PHEV를 붙이는 식으로 시스템을 덧붙인다는 생각이었죠. 차세대는 PHEV 고유의 변속기로 만들어야 한다고 생각하고

[8HP]

Gen.2에서 Gen.3로 진화

Gen.1에서 2로 진화할 때도 변속비 폭을 넓혔지만 Gen.3에서는 더 넓혔다고 한다. 아이신AW의 10단, 다임러의 9단, GM포드의 10단에 대응하기 위해 효율을 더 높여나간다. 하지만 ZF는 이 이상의 다단화는 하지 않을 방침이다. ZF는 신형 변속기를 개발할 때 이전 모델 생산을 종료하고서 신형으로 대체한다. 그 때문에 이전 모델의 제약을 받지 않고 개발할 수 있다는 장점이 있다고 한다. 8HP 경우도 이전 모델인 6HP 생산을 중국으로 옮기고 메인은 8HP만 남겼다고 한다.

ZF 8HP Gen.2
변속비 폭을 더 넓힌 Gen.2

Gear	Break			Clutch			Gen.1		Gen.2	
							Ratio	gear step	Ratio	gear step
A	B	C	D	E						
1	●	●	●				4.70	5.000		
2	●		●		●		3.13	1.50	3.200	1.56
3		●	●		●		2.10	1.49	2.143	1.49
4		●		●	●		1.67	1.26	1.720	1.24
5		●	●	●			1.29	1.30	1.314	1.30
6		●	●	●		1.00	1.29	1.000	1.31	
7	●		●	●		0.84	1.19	0.822	1.21	
8	●			●	●	0.67	1.25	0.640	1.28	
R	●	●			●		-3.30	Total7.05	-3.456	total7.81

전통적인 8HP이라면 토크 컨버터가 들어갈 공간에 전동모듈을 넣어 마일드·풀·플러그인 하이브리드를 만든다. 본문 중에 밝혔듯이 전통적인 변속기에 모듈을 넣는다는 방침이다.

ZF 8P75H

플러그인 하이브리드용 변속기

토크 컨버터 대신 내장하는 모터는 90kW/250Nm. EV주행 항속거리(배터리 용량에 따라 다르지만)는 최대 50km에, 최고속도는 120km/h 이다. BMW 3, 5시리즈의 PHEV 등이 사용하고 있다.

있습니다. 그리고 거기서 구성 요소를 떼어내서 전통적인 엔진만으로도 사용할 수 있는 식으로 나아갈 것입니다. 모듈화한 키트를 조합해서 PHEV나 마일드 HEV, 전통적인 변속기를 만들어 나갈 것으로 봅니다."

그렇다면 ZF도 '모터를 전제로 하는' 차세대 변속기를 생각하고 있는 것일까. 하이브리드 고유의 변속기를 개발한다면 공간이나 무게도 커질 테니까 8단이나 9단이 아니라 4단, 5단도 괜찮다는 뜻이 되는 것일까?

"개인적 의견입니다만, 그것도 충분히 생각해 볼 수 있겠죠. 문제는 모터 출력을 어떻게 하느냐입니다. 다만 PHEV라도 전지가 방전되면 자체가 짐이 될 겁니다. 그때 4단, 5단이면 구동력이 부족해서 오히려 연비가 악화될지도 모릅니다. 그 선긋기가 어렵습니다. 기어 단수에 있어서 차세대에서 정말로 8~10단 같은 다단이 필요한지, 아니면 그것을 3단, 4단으로 줄일 수 있을지는 솔직히 아직도 잘 모르겠습니다. 병렬 하이브리드일 동안 그럴지도 모릅니다. 그러나 레인지 익스텐더, 직렬 하이브리드에서는 기본이 모터구동이죠. 모터의 폭넓은 토크 밴드와 회전영역을 사용할 수 있는데다가 2단, 3단 변속기를 조합하면 주행이 상당히 달라질 겁니다. 미래의 변속기 기어 단수? 음, 8단이나 9단, 10단까지도 남을지 모릅니다. 운전자의 의식이라는 것도 관계되니까요. 그게 일단 6단 정도로 정리되면, 그 다음에는 어쩌면 4단 정도가 될지도 모르죠."

변속기 전문가라도 미래를 예측하기는 쉽지 않다. 하지만 변속기가 변화·진화하고 있다는 사실만큼은 틀림없다고 확신하게 된 인터뷰였다.

[9HP]

2018년에는 Gen.2로 발전, 더 신속한 변속을 실현

도그 클러치를 사용한 독특한 구조의 가로배치 9단AT.
토크 용량 480Nm의 9HP48부터 생산하기 시작해 280Nm의 9HP28로 이어갈 계획이었지만 9HP28 생산은 아직 시작되지 않았다. 등장 이후 5년을 지나면서 제2세대로 발전하고 있다. 변속비 폭에는 변함이 없지만, 변속기 전체의 효율을 높여 전동 오일 펌프 없이 자동차가 멈추기 직전인 20~25km/h에서 엔진 정지에 대응한다. 변속시간도 더 짧아졌다.

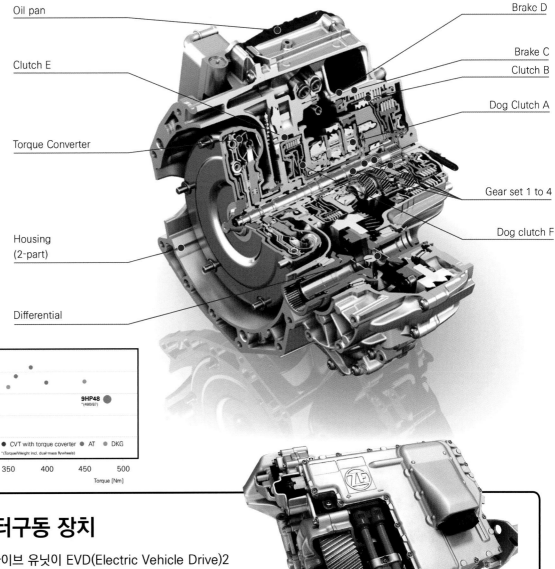

Oil pan
Clutch E
Torque Converter
Housing (2-part)
Differential

Brake D
Brake C
Clutch B
Dog Clutch A
Gear set 1 to 4
Dog clutch F

양산이 시작된 모터구동 장치

양산이 시작된 ZF의 전동 드라이브 유닛이 EVD(Electric Vehicle Drive)2이다. 150kW 모터, 2단 감속장치 그리고 ZF가 직접 만든 파워 일렉트로닉스를 유닛 위쪽에 넣어 일체화했다. 다음 세대(EVD3)도 계획 중으로, 200kW 이상/150kW/100kW 미만 3기종(인버터는 공통)을 만들 예정이다. 이 EVD를 장착하면 다양한 구동방식에 대응할 수 있다. 또한 EV전용 플랫폼이 아니더라도 비교적 쉽게 전동화할 수 있다.

[EVD2]

"+모터"가 아니라 "모터를 전제로"한다면 변속기의 진화는 계속될 것이다.

셰플러가 생각하는 가까운 미래의 변속기

변속기에 모터를 추가하는 콘셉트가 아니라 모터에 초점을 두고 변속기를 설계하는 것으로 발상을 전환해야
체인방식 CVT의 특징을 최대한 살릴 수 있을 뿐만 아니라 고효율 전동 변속기를 완성할 수 있다.

본문 : 세라 고카 사진 : 셰플러

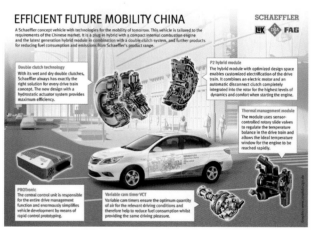

Schaeffler Efficient Future Mobility China

셰플러는 각 지역별로 콘셉트 카를 기획·제작해 현지 메이커에
제안한다. 중국 시장용으로 제안하는 콘셉트 카는 건식 DCT
를 바탕으로 P2 하이브리드화(엔진과 변속기 사이에 모터를
배치)한 것이다. 전동 변속기는 계속해서 진화하더라도 모터
와 조합하는 변속기와 그 파생 모델은 사라지지 않을 것으로
셰플러는 전망하고 있다.

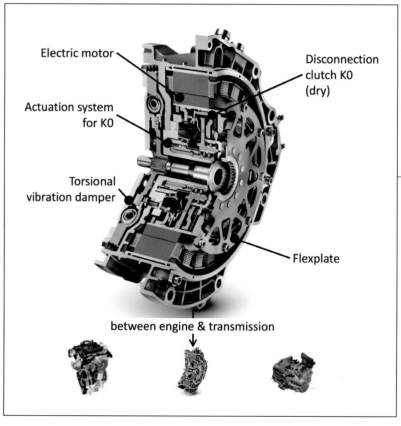

- Electric motor
- Actuation system for K0
- Torsional vibration damper
- Disconnection clutch K0 (dry)
- Flexplate

between engine & transmission

P0, P1, P2, P3, P4 정리

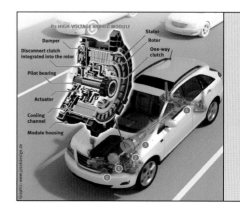

모터를 포함한 하이브리드 모듈의 탑
재위치에 따라 P0에서 P4까지 5종류
로 분류한다. P0는 벨트로 구동하는
스타터, 제너레이터. P1은 모터를 크
랭크샤프트에 직접 장착. P2는 엔진
과 변속기 사이에 모듈을 배치. P3는
변속기 안 또는 출력 축에 모터를 배
치. P4는 전동 축을 가리킨다.

Schaeffler P2 Hybrid Module

엔진과 변속기 사이에 배치하는 P2 하이브
리드 모듈. 41kW/180Nm 모터 안쪽에 클
러치를 넣는 식으로 소형화했다. 클러치는
건식으로, 전동 액추에이터를 통해 단속한
다. 보급이 될지 여부는 불투명하지만 48V
시스템용의 P2 하이브리드 모듈도 라인업하
고 있다.

각국의 정치 환경이 온건하든 과격하든지 간에 세계 각국에서 CO_2 배출량 규제가 강화되는 추세임은 변함이 없다. 규제가 강화될수록 전동화는 필수이다. 다만 정도 차이는 있을 것 같다. 셰플러는 2030년의 시나리오를 예측하고 있는데, 전동화가 그다지 진행되는 않는다는 시나리오에서는 2030년 단계에서 하이브리드나 전기자동차(EV)가 아닌 내연기관만 장착한 자동차의 비율을 50%로 보고 있다.

한편, 전동화가 가속화되었을 경우 전체 승용차 생산에서 차지하는 내연기관 차량의 비율은 30%이다. 하이브리드 차는 40%, EV는 30%를 차지할 것으로 내다보고 있다. 현재 시점에서는 전동화가 가속되는 시나리오에 무게를 두는 듯하다. 어떤 식으로든 전동화는 진행된다.

변속기를 구성하는 각종 요소기술을 보유하고 있는 셰플러는 어떻게 대비하고 있을까. MT를 자동화하는 시스템도 제안하고 있고 DCT에 모듈화한 모터&클러치를 추가해 전동화하는 시스템도 준비하고 있지만, 이 글에서는 체인방식 CVT에 초점을 맞춰서 정보를 파악해 보겠다.

CVT나 DCT 모두 토크 컨버터와 바꾸는 형태로 모터와 클러치를 장착하는 해법을 준비하고 있다. 크기에 대한 벤치마킹은 DCT를 바탕으로 전동화한 VW의 DQ400e이다. 모터&클러치 부분의 지름은 φ270으로 DQ400e와 똑같지만, 셰플러의 CVT 하이브리드는 120mm 짧은 340mm로 했다. 허용 토크 용량 350Nm급치고는 상당히 강한 치수이다.

CVT 전문가인 아보 게이지(셰플러 저팬 자동차사업부 변속기 부문 수석 엔지니어) 이사는 벨트를 체인으로 바꾸기만 했을 뿐, 크기를 바꾸거나 별도의 투자 없이 효율을 높인 것입니다. 체인은 미끄러지지 않는 구조이기 때문이죠."라고 말한다.

"푸시 벨트의 링은 적극적으로 미끄러지게 해야 하는 구조입니다. 변속비 1.0 이외는 반드시 미끄러지죠. 반면에 체인은 롤러 베어링 같은 것으로 돌아갑니다. 기본적으로는 미끄러지지 않으므로 전체 영역에서 효율이 좋습니다. 오버 드라이브로 타행주행(코스팅)을 하는 상황에서 차이가 드러나죠. 부품교환(벨트→체인)만으로 이 정도로 효율을 거둘 수 있는 부품은 별로 없습니다."

비율의 양 끝(최고 높은 쪽과 최고 낮은 쪽)에서 2~3% 효율이 달라진다고 한다.

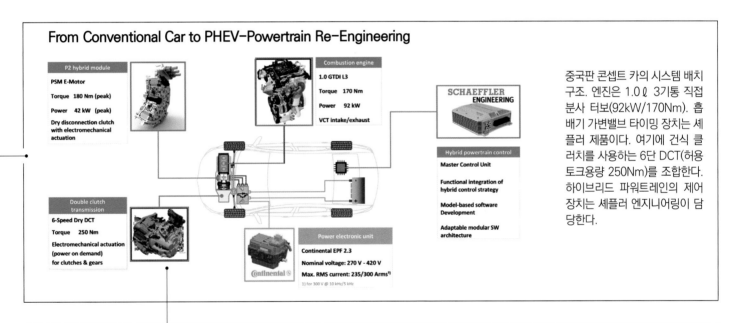

From Conventional Car to PHEV-Powertrain Re-Engineering

P2 hybrid module
PSM E-Motor
Torque 180 Nm (peak)
Power 42 kW (peak)
Dry disconnection clutch with electromechanical actuation

Combustion engine
1.0 GTDI L3
Torque 170 Nm
Power 92 kW
VCT intake/exhaust

SCHAEFFLER ENGINEERING

Hybrid powertrain control
Master Control Unit
Functional integration of hybrid control strategy
Model-based software Development
Adaptable modular SW architecture

Double clutch transmission
6-Speed Dry DCT
Torque 250 Nm
Electromechanical actuation (power on demand) for clutches & gears

Power electronic unit
Continental EPF 2.3
Nominal voltage: 270 V - 420 V
Max. RMS current: 235/300 Arms[1]
1) for 300 V @ 10 kHz/5 kHz

Continental

중국판 콘셉트 카의 시스템 배치 구조. 엔진은 1.0ℓ 3기통 직접 분사 터보(92kW/170Nm). 흡배기 가변밸브 타이밍 장치는 셰플러 제품이다. 여기에 건식 클러치를 사용하는 6단 DCT(허용 토크용량 250Nm)를 조합한다. 하이브리드 파워트레인의 제어 장치는 셰플러 엔지니어링이 담당한다.

Design Evolution : Highly Compact Packaging with Triple Clutch

DCT가 구비된 클러치 외에 모터와 엔진을 분리하는 클러치가 있으므로 트리플 클러치가 되는 것이다. 단순히 하이브리드 모듈을 추가하면 길어지게 되지만 로터 안쪽에 DCT 클러치(습식)를 넣음으로써 작게 할 수 있다. 변속비를 넓히는 방법보다 모터와 상호 협조하도록 하는 흐름이 강해지고 있다고 한다.

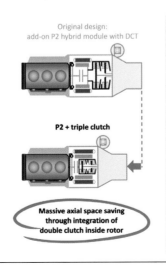

Original design:
add-on P2 hybrid module with DCT

P2 + triple clutch

Massive axial space saving through integration of double clutch inside rotor

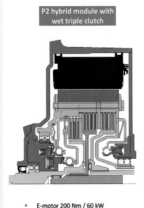

P2 hybrid module with wet triple clutch

- E-motor 200 Nm / 60 kW
- ICE torque max. 260 Nm
- Transm. input torque max. 400 Nm

P2 hybrid module with dry triple clutch

- E-motor 300 Nm / 85 kW
- ICE torque max. 250 Nm
- Transm. input torque max. 400 Nm

CVT 특유의 노이즈에 대해서도 여러 자동차 회사들은 나름의 내책을 세우고 있다. 현대는 벨트에서 체인으로 바꿨다. 새로운 CVT에는 05피치라고 하는, 셰플러가 가진 체인 라인업 가운데 가장 작은 피치를 처음으로 사용한다. 스바루는 신형 임프레서에 탑재하는 리니어트로닉의 체인 피치를 한 단계(-10%) 줄였다. 체인 피치는 작아지는 흐름이다. '체인의 기진력(起振力)은 피치의 3제곱에 해당하기 때문'이라고 아보게이지는 설명한다. 다른 피치를 무작위로 배치해 주파수 최고치를 완만하게 한다. 현대는 체인만으로 2~3dB의 음압절감 효과가 있었다고 발표한 바 있다.

CVT 이미지를 새롭게 바꾸는 사용법은 CVT의 토크 컨버터를 모터와 클러치로 바꿀 뿐만 아니라 완전히 새롭게 설계하는 것이다. 셰플러에서는 이것을 데디케이티드(전용) CVT 하이브리드라고 부른다.

이 새로운 개념의 CVT 하이브리드에는 변형모델이 있다. 그 가운데 하나가 엔진과 모터 사이에 클러치(편의상 C1이라고 부르겠다)를 배치하는 전통적인 타입. 엔진 동력으로 달릴 때는 클러치를 연결하고 CVT를 거쳐 바퀴로 동력을 전달한다. 한편 모터 동력으로 달릴 때는 클러치를 분리한다. 모터 아래쪽에는 동력을 단속하는 장치가 없으므로 동력은 CVT를 경유해 바퀴로 향한다.

다른 사양은 C1 아래쪽에 C2, C3 웨지 클러치와 다이렉트 기어를 사용한다. C2, C3를 연결해 CVT를 경유하지 않고 모터 동력을 직접 바퀴로 전달할 수 있는 구조이다. 그 결과 베리에이터를 제어하는 유압 손실이 줄어든다. 엔진 동력으로 달릴 때는 CVT를 사용하고 모터로 달릴 때는 동력을 직접 전달해 달리는 것이다.

Dedicated CVT Hybrid – 처음부터 모터 고유의 전용설계

프로젝트 엔지니어링 타킷

차량 카테고리	B&C세그먼트, 전방 가로배치	
변속기의 하이브리드화 타입	전용&비전용	
하이브리드 상태	마일드HEV	PHEV
모터출력	20kW	80kW
EV모드 최고속도	35km/h	130km/h
변속기 축 길이	350mm 이하	400mm 이하
NEC Electric Driving Range	–	50km 이하
NEDC연비(certified)	–	1.7ℓ 100km 이하

		P2 mild HEV CVT	P2 PHEV DHCVT	P2/P3 PHEV DHCVT
	ICE: type / displacement max. power / max. torque		Gasoline / 1.4 L 110 kW / 250 Nm	
	Electric motor: Type / Voltage max. power / max. torque	PMSM / 48 V 20 kW / 110 Nm	PMSM / 350V 80 kW / 330 Nm	PMSM / 350V 80 kW / 330 Nm
	System properties: max. power / max. torque	130 kW/330 Nm	130 kW/330 Nm	150 kW/350 Nm
	Vehicle velocity: max. velocity in hybrid-mode		220 km/h	
	CVT ratio coverage		7.0	

P2 PHEV DHCVT 출력 회로도면

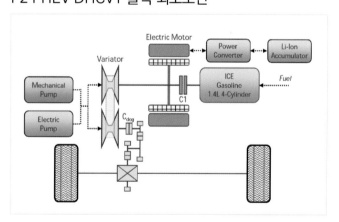

엔진과 하이브리드 모듈 사이에 클러치(C1)를 배치한 간소한 패턴. 구조상 모터만 동력으로 사용해 달리는 경우라도(왼쪽 아래그림) CVT에 동력을 전달해야 한다.

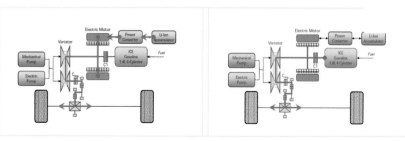

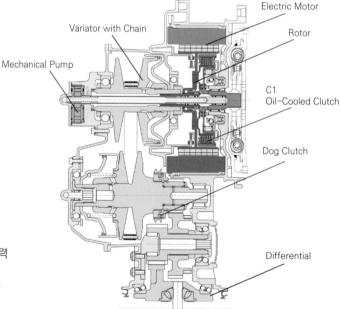

P2 PHEV DHCVT

체인방식 CVT와 하이브리드 모듈을 조합한 CVT 하이브리드의 단면도. 도그 클러치는 마찰재와 비교해 마찰손실이 작기 때문에 채택, 타성주행 때 CVT로 전달되는 것을 차단하는데 이용한다.

"엔진과 모터, 각각의 장점을 방해하지 않도록 동력을 전달한다는 개념입니다. (모터의 직통로를 설치하려고 하면) 클러치가 많이 들어가기 때문에 아주 복잡해지죠. 당연히 무거워지거나, 가격이 올라가거나, 생각한 만큼 효율이 좋아지지 않을 우려도 있습니다. 그렇기 때문에 마일드 하이브리드용까지 포함해 자동차 요건에 맞춰서 대응할 수 있는 모듈러 디자인을 검토하고 있습니다."

또, EV용으로 새로운 제안을 내놓고 있다.

"심플리파이드 CVT라고 합니다. 변속비 폭을 좁히는 것이죠. 변속비 폭이 2, 3 또는 2.5가 될지는 모르지만 고효율 체인을 사용해 심플하고 효율 좋은 CVT와 모터를 매칭시킨다는 개념이죠."

EV에 이용하는 모터는 일반적으로 전체 속도영역에서 변속시키지 않지만(리덕션 기어로 감속은 시킨다), 변속시키는 것을 전제로 설계하면 작고 가볍게 할 수 있을지도 모른다.

"결국은 효율입니다. 변속비를 8까지 올리고 싶어 하는 자동차 메이커가 있을지는 모르겠지만, 엔진을 단독으로 CVT와 조합할 경우는 변속비 폭은 7이 기본이 될 겁니다.

그것이 3이라도 괜찮다면 많은 것이 달라지겠죠. 매우 작아지고 놀랄 만큼 효율이 높아질 겁니다. 변속기가 받아야 하는 토크가 작아지므로 체인 폭을 과감히 좁힐 수 있고, 그만큼 몇 백g이라도 가벼워지는 것이죠."

게다가 매끄럽다는 점(seamless)도 있다. 모터주행이 매끄럽기 때문에 굳이 단차가 있는 변속기를 조합해 매끄러운 주행을 망칠 필요가 없다. 그런 점에서 CVT와의 조합이라면 모터 특징을 그대로 살릴 수 있다. 전동화가 진행된다 하더라도 CVT가 활약할 무대는 있는 것이다.

P2/P3 PHEV DHCVT

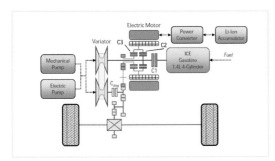

위 : 전용 CVT 하이브리드의 파생모델 가운데 하나로, C1 외에 C2 및 C3 클러치와 다이렉트 기어를 추가한 구조. 모터 동력으로만 달릴 때는 CVT를 매개로 하지 않고 동력을 직접 바퀴로 전달할 수 있다.

P2 Mild HEV CVT

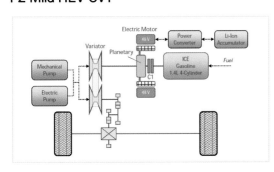

마일드 하이브리드 모듈은 48V 시스템으로 구동하는 저출력 모터(20kW/110Nm)와 (반대로 전환하는) 플래니터리 기어의 조합이다. 하이브리드 모듈의 리버스는 모듈이 반대이다.

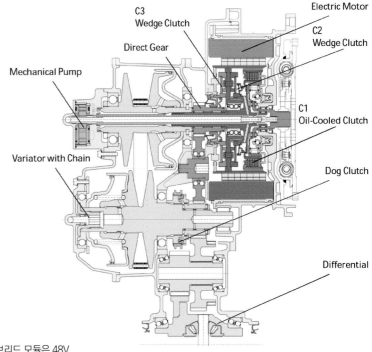

위 : P2/P3 PHEV DHCVT
모터에서 파이널 기어로 (CVT를 매개로 하지 않고) 직통로(Direct Path)가 나 있는 하이브리드 모듈은 직통로가 없는 모듈(왼쪽 페이지)과 비교해 구조가 복잡하고 전장이 길다. CVT 변속비 폭은 편의상 7.0으로 하고 있다.

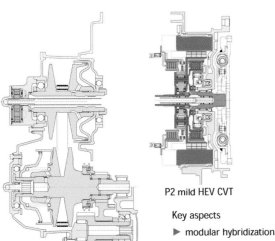

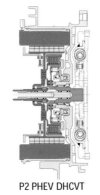

P2 mild HEV CVT

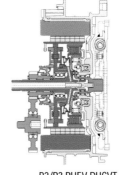

P2 PHEV DHCVT

P2/P3 PHEV DHCVT

Key aspects
▶ modular hybridization

Modular CVT-Hybrid System

마일드 하이브리드·하이브리드·모터에서 파이널 기어로 직통로가 나 있는 하이브리드와 3종류의 변형모델을 통해 목적에 맞는 선택이 가능하다. 모터동력을 CVT를 매개로 하지 않고 직접 파이널 기어로 전달할 때는 도그 클러치를 분리한다. 모터에 중점을 둘수록 CVT 변속비를 작게 할 수 있다.

Direct Shift-10AT

변속기 폭은 8AT가 6.71인데 반해 10단은 8.23까지 확대되었다. 클러치와 브레이크는 1대 1 솔레노이드 제어라 그야말로 직감적인 변속감각을 실현했다. 유성기어 지름을 줄여 회전허용 타입으로 잡은 설계도 기존 토요타 FR계통과는 확연히 구별된다. 동작은 1공선(共線) 4요소와 1공선 3요소. 단수를 뛰어넘는 조작은 직결 7단에서 다운 변속할 때만 반드시 6단을 거쳐야 하는 것 말고는 2단, 3단을 건너 뛰어도 될 정도로 자유롭다.

Specifications

토크용량		650Nm
무게		90.6kg
기어비	1st	4.923
	2nd	3.153
	3th	2.349
	4th	1.879
	5th	1.462
	6th	1.193
	7th	1.000
	8th	0.792
	9th	0.640
	10th	0.598
	R	5.169
변속비 폭		8.232
최종감속비		2.937

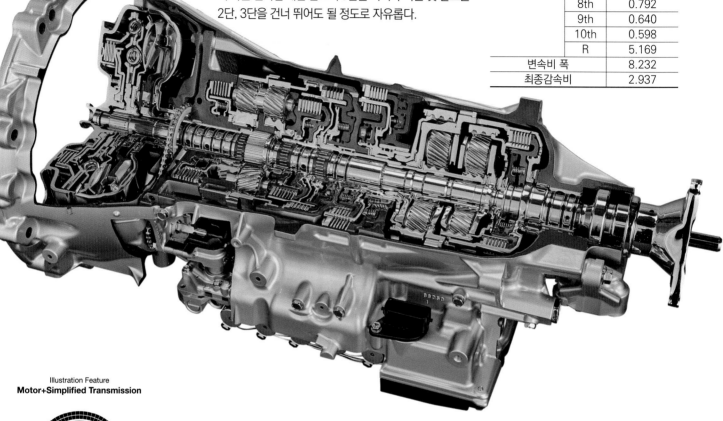

4

CASE

[최신 변속기 사례]

스텝비율을 추구하다가 "10"에 도달하다.

토요타, 아이신AW의 AWR10L65 설계철학

'10단 AT' 개발목표는 아니었다고 한다.
부드러운 변속, 기분 좋은 가속감, 직감적인 변속감각을 추구한 결과,
"10단에 도달했다"고 토요타 및 아이신AW는 말한다. 5.0ℓ NA 엔진과 조합한다.
본문&사진 : 마키노 시게오　사진 : 토요타/아이신AW

"10단을 전제로 한 것은 아닙니다."
전작 8AT가 등장하면서 토요타를 취재했을 때의 "8단을 만들고 싶었다."는 대답과는 다른 분위기이다. 이번 10단은 개발접근 방식이 당시와 전혀 다르다는 점이 느껴졌다. 렉서스와 아이신AW가 공동으로 개발한 FR

차량용 10단 AT의 콘셉트와 설계, 세부적인 튜닝 등에 대해서도 두 회사의 입장을 다 들어보았다. 그러나 처음부터 10단을 만들려는 의도는 아니었다는 것이 양쪽의 공통적인 생각이었음을 알 수 있었다. 10년 전의 8AT와 신형 10AT가 형태는 아주 비슷하지만 설

계접근 방식은 전혀 달랐던 것이다.
렉서스 부문의 상품기획은 처음에 LC를 기획하던 시점에서는 8AT를 채택할 예정이었다. 그런데 개발이 진행되면서 '기분 좋은 가속감' '리듬감이 좋은 가속'이 키워드로 부각되기 시작했다고 한다.

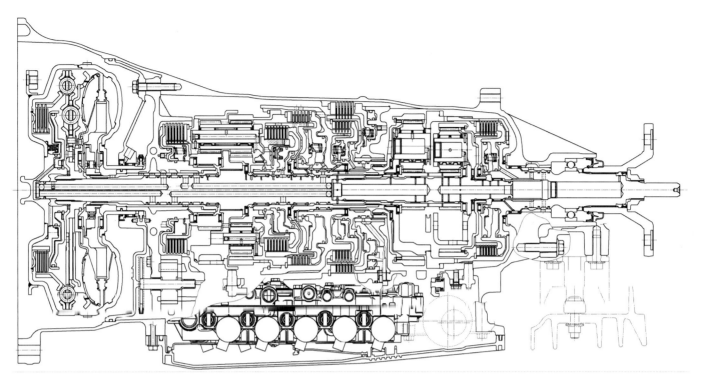

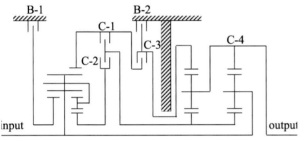

	Clutch				Brake	
	C-1	C-2	C-3	C-4	B-1	B-2
1st	○	○				○
2nd	○				○	○
3rd		○			○	○
4th				○	○	○
5th		○		○	○	
6th	○			○	○	
7th	○		○	○		
8th			○	○	○	
9th	○		○		○	
10th		○	○		○	
Rev		○	○			○

(○ : Engaged)

회로도면과 체결요소

유성기어 세트는 선기어, 플래닛, 링기어 3요소로 구성된다. 이 가운데 어느 한 개의 움직임을 정지시켜 기어비를 만들어낸다. 변속은 클러치와 브레이크의 연결교체로 이루어지기 때문에 이 부분의 응답성이 변속 속도를 좌우한다. 10AT 에서는 클러치와 브레이크의 작동유를 유도하는 챔버 용적을 8AT에 비해 최대 34% 줄였다.

"LC라는 자동차가 지향하는 방향을 감안 하면 크로스 기어 스텝을 더 적용하고 싶었 죠. 1~4단 사이에 또 한 단을 넣어 로 기어 쪽도 크로스화하고 싶었던 겁니다. 1단 출 발에서부터 4단까지 같은 리듬으로 가속할 수 있도록 조금씩 스텝비율을 좁힌(크로스 화한) 1~4단을 말입니다."

렉서스부문에 한 가지 질문을 던져보았 다. 변속비 폭은 어떻게 생각했는지. 대답 은 이랬다.

"변속비 폭뿐이라면 8AT를 넓히는 정도로 도 대응이 가능합니다. 필요했던 것은 기분 좋은 스텝비입니다. 연비를 절약하는 것이 목 적이 아니라 순수하게 '주행'을 위해서만 8단 이상이 필요했던 것이죠. D단으로 달리면서

업다운이 있는 사행도로를 기분 좋게 달릴 수 있는 자동차를 만들고 싶었던 겁니다."

이 10단 AT는 7단이 직결로서, 기어비는 1.00이다. 8단과 9단이 크로싱용 오버 드라 이브 기어이다. 즉 크로스 스텝과 초 하이 기 어인 10단이다. 하지만 차량탑재 요건상 직 경과 길이를 8AT 정도로 맞춰야만 했다. 기 존 8단은 3개의 유성기어 세트와 6개의 체 결요소(클러치, 브레이크) 그리고 하나의 OWC(One Way Clutch)였다. 10단을 맞 추려면 단순히 생각해도 유성기어 세트 한 가 지를 추가해야 한다.

기존 8단 AT와 신형 10단 AT를 컷 모델 로 비교해 보면, 먼저 8AT에서 1단→2단 변 속 때 사용했던 OWC가 10AT에는 없다. 유

성기어의 배열상태를 보면 8AT가 앞쪽에 2 세트, 뒤쪽에 1.6세트 식으로 작용하도록 복 렬형 라비뇨 타입(Ravigneaux Type)을 두 어 앞쪽에서 감속, 뒤쪽에서 라비뇨 기어 수 를 만드는 방식이었다. 그에 반해 10단에서 는 앞쪽에 먼저 라비뇨 열을 배치해 감속과 증속을 하고, 뒤쪽 2세트로 기어 단을 만드 는 방식이다. 예전 표현으로 설명하면 8AT 가 앞쪽감속 토크허용 타입이었던데 반해, 10AT는 앞쪽에서 증속도 하는 회전수 허용 형이라고 할 수 있다.

이 방침전환으로 인해 각 유성기어 세트 는 직사각형 치수를 조금 줄일 수 있었다. 그래서 OWC 폐지와 더불어 유성기어 세 트 한 가지를 추가할 수 있는 공간을 확보했

위 : 출발장치
토크 컨버터의 토러스(Torus) 단면은 2열의 다이내믹 댐퍼를 수용하기 위해서 편평해지고, 록업 클러치는 직감을 얻기 위해 다판식으로 바뀌었다. 스테이터도 작고, 토크 증폭~토크 컨버터 슬립 타입의 AT라는 것을 알 수 있다. 2단 저회전 영역부터 록업되기 때문에 클러치 팩의 강성이나 유로 설계까지 포함해 직감을 추구했다.

아래 : 유성기어 세트
8AT와 달리 앞쪽이 라비뇨 타입이다. 톱니는 각 기어의 변속비와 스텝지로 결정되는데 스텝비의 기본은 1.2라고 한다. 스텝비가 크면 약간이나마 가속이 늦어지고 구동력도 연결되지 않는다. 반대로 너무 작으면 운전자가 변속된 것을 못 느끼고 변속이 바빠진다. 이 10AT의 스텝비 설정은 인간공학적인 근거를 바탕으로 할 뿐만 아니라 기어를 높일 때의 리듬감을 중시했다.

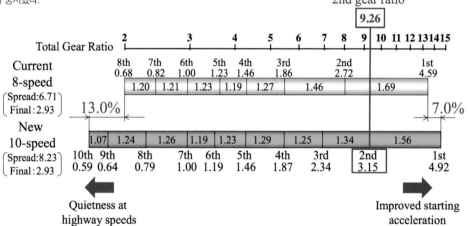

스텝비

1→2단은 1.56, 2→3단은 1.34, 3→4단은 1.25이다. 8AT의 4단과 10AT의 5단이 같은 기어비이다(최종감속비 불포함). 1~4단 사이에 또 한 단을 추가하고 싶었던 의도가 여기에 있다. 최고속도 270km/h는 7단 직결로 도달할 수 있으며, 8단 이상의 기어비는 고속순항 때의 연비와 정숙성에 효과를 발휘한다.

다. 체결요소는 4클러치 2브레이크이므로 8AT와 개수는 똑같다. "6체결요소와 3유성이라고 하는 최소 구성요소로 어떤 기어 트레인이 있는지를 계산하면 무려 43경(억, 조 이상의 단위)이나 되는 조합이 가능합니다. 당연히 슈퍼컴퓨터를 사용해 계산한 것이죠. 이 가운데 이상적인 스텝에 가까운 것 또 기어 배치에 무리가 없고 요소의 연결이 복잡해지지 않는 것 등을 추출해 검토한 결과, 4가지 안으로 좁혀졌습니다. 그 4가지 안에서 선택한 것이 양산형 10AT 구조인데, 선택기준은 '기분 좋은 주행'입니다. 7단을 직결로 한 것도 스텝비로부터 얻은 결과입니다."라는 아이신AW의 설명이다.

한편 렉서스는 '더 예리하고 더 우아하게'를 주행 키워드로 정한다. 그렇게 되면 6개의 클러치·브레이크를 체결하고 분리하기 위한 유압회로 설계가 중요하다. "AT의 유압회로 설계는 의도적으로 설계순위를 높게 설정하지 않으면 여러 가지 배치구조적인 이유 때문에 뒤로 밀리게 됩니다. 이번에는 절대로 양보할 수 없었죠."라는 렉서스 측의 설명이다.

유압을 일으키는 리니어 솔레노이드 밸브는 체결 1요소마다 전용으로 하고, 6개 체결요소까지의 유로를 거의 동등하게 하는 동시에 철저히 짧게 하는 설계로 진행했다. 그 결과 8AT보다 유압회로가 작아지면서 유로의 관로저항이 최대 67%까지 줄어들었다. 응답성이 뛰어난 유압 시스템이 된 것이다.

앞서의 설명에서 'D단으로 달리면서 업다운이 있는 사행도로를 기분 좋게 달릴 수 있는' 차가 되려면 유압의 움직임에 체결요소가 즉각적으로 작동해야 한다. 하지만 이 부분은 꼭 계산한 대로는 되지 않아 회전하는 클러치 자체에 작동유의 출입이 생긴다. 과도영역에서의 클러치, 브레이크 작동을 위한 유압은 실측 데이터를 바탕으로 변동제어를 적용했다.

또 한 가지, 액셀러레이터와 브레이크 양쪽 페달과 스티어링의 입력을 통해 운전자의 의도를 파악함으로써 운전자의 기대치에 최대한 가깝게 신속히 변속하지 않으면 '예리하고, 우아하게'는 되지 않는다. 그래서 개발 도중에 차량의 전후좌우 G를 파라미터에 포함해 예측정확도를 높인 변속제어가 도입되었다.

물론 전달효율 향상도 필수였다. 2단 이상은 완전 록업으로, 기분 좋은 변속감 실현과 전달효율 향상의 양립을 가능하게 했다. 모든 기어에서 3요소가 항상 오픈되는 체결요소

새로 사용한 실링

실링 수가 증가한 부분은 개별 링의 손실을 줄이는 방식으로 보완했다. 기존에는 배압을 사용해 오일 움직임을 없애는 형상이었지만 이번에는 측면(위 사진에서는 위쪽 면) 둘레에 조그만 홈을 파서 접촉저항이 아니라 축과의 사이에 유막이 잘 만들어지게 함으로써 손실을 줄인다. 이 형상은 세계 최초로서, 제조는 NOK기 담당. 피그(peek)소재 사출성형이다.

밸브 보디

8AT와 비교해 체적상 20%가 줄어들었다. 유로를 짧게 해서 얻을 수 있는 변속 반응 개선과 1요소 1솔레노이드를 통한 제어성 향상 그리고 8AT 시대에는 없었던, 팬 안에 아이들링 스톱용 장치를 넣어야 하는 설계 요건. 이런 것들이 모두 반영된 결과이다.

C-2드럼

C-1드럼

회전강성

고회전형 설계이기 때문에 고속으로 회전할 때의 강도·내구성을 확보하는 한편으로 신속한 변속 속도를 위한 타성 주행 저감을 양립시켜야 한다. 그 때문에 C-1 클러치의 드럼을 알루미늄으로 바꿔서 C-2 클러치와의 위치관계를 좁힘으로써 지름을 줄였다. C-2 클러치의 드럼은 플로 포밍(Flow Forming)을 통한 T자형 성형이다.

미야자키 고지

토요타자동차
제1 드라이브 트레인 개발 주사

니미 준

아이신AW
기술본부 제1기술부 차장

가미우치 나오야

아이신AW
기술본부 EHV기술부
제4시스템그룹 주담당

의 지체 저감, 오일펌프 구동, 오일 교반저항 등은 8AT와 비교해 거의 반으로 줄었다. 변속감을 우선하는 배치구조를 적용하면서 늘어난 실링 수는 1개당 손실을 줄이는 식으로 상쇄했다.

"이미 AT의 효율은 상당히 높은 수준까지 와 있습니다. 예를 들어 마찰재는 지금보다 마찰계수(μ)가 더 높은 소재가 개발되지 않는 한 손실저감은 거의 한계에 가깝죠. 윤활도 마찬가지여서 이 10AT에서는 스로틀 개도가 낮은 상태에서는 작동유량을 반으로 줄이는 플렉시블 윤활 제어를 적용했습니다. 추가로 효율을 더 낮출 수 있는 부분은 아주 약간 정도이죠."

불과 10년 전에 개발한 8AT와 비교해 변속 수를 2단이나 늘렸음에도 4.9kg이나 가볍게 만들었을 뿐만 아니라, 구동력 전달효율은 토크 용량 600Nm급 AT치고는 세계 최고수준을 자랑한다. 또 실제로 10AT를 장착하는 렉서스 LC500을 운전해 보면 '리듬감이 좋은 가속', 'D단에서 업다운이 있는 사행도로를 달릴 수 있는 차' 라는 목표를 달성했다는 것을 실감할 수 있다.

가려운 곳을 긁어준다. 잘 만들어진 기계는 이런 평가를 받는다. '조금 더 위로, 아니 아래, 조금 왼쪽, 그래 거기!' 라고 알려주지 않아도 지금 원하는 것을 알아서 제공해주는 기계가 아닐 수 없다. MT로 단련된 사람이라면 10AT를 장착한 렉서스 LC가 아무렇지 않은 듯이, 하지만 정확하게 기어를 선택하고 있음을 느낄 수 있을 것이다. 특히 다운 시프트 쪽은 10단에서 7단, 5단 식의 '건너뛰기 변속'이라고 하는 기어 선택이 절묘하다. 그리고 일본의 법정속도 내에서 확실하게 10단의 혜택을 체감할 수 있다. 100km/h로 주행할 때 엔진회전 1200rpm인데도 10단 기어에 들어간다.

"변속 충격을 일으키지 않고 존재감을 드러내지 않은 상태로 일하는 것이 AT입니다. 하지만 이번에는 보조라 하더라도 충분히 존재감을 어필하는 변속기를 지향했습니다." 라고 밝히는 아이신AW. 양판 FF차량용 AT에서 두터운 세계 점유율을 갖고 있으면서도 그 대치점에 위치하는 FR차량용 10AT를 확보했다는 점이 큰 성과라 할 수 있다.

적재 성능·견인 성능이 우선사항
요구하는 성능·수준도 차원이 다른 상용차량용 AT

아이신 정밀기계의 상용차량용 변속기

상용차량용 자동변속기(AT)는 승용차량용을 크게 한 것뿐으로 보이지만 실태는 다르다.
승용차와 다른 사용법 때문에 기인하는 독특한 요구 성능이 접목되어 있다. 다단화에 있어서도 승용차량용과는 사정이 다르다.
본문 : 세라 고타 사진 : 아이신 정기/MFi

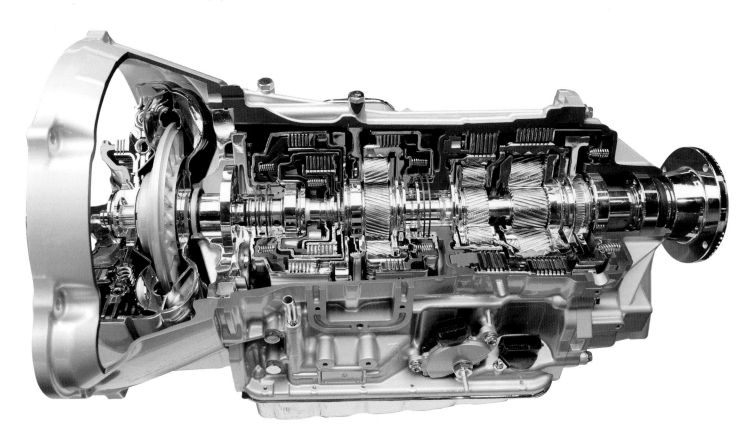

AISIN A467(상용차량용 6단 AT)

단	기어비
1st	3.75
2nd	2.00
3rd	1.34
4th	1.00
5th	0.77
6th	0.63
R	3.54

소형 트럭·버스용 세로배치 6단 자동변속기. 램 3500 픽업 트럭 및 캡 섀시 트럭이나 램 4500&5500 캡 섀시 트럭 등이 탑재. 허용토크 용량은 1300Nm. 램 공식 홈페이지에서는 전장 1.5배 정도나 되는 트레일러를 견인하는 사진을 올려놓았는데, 31200파운드(약14톤)의 견인능력을 자랑한다. 출발할 때의 토크를 제대로 전달하는 능력과 내구성을 담보하는 것이 중요. 액셀러레이터를 놓았을 때 차량무게와 노면경사에 맞춰서 최적의 기어로 자동적으로 시프트·다운하는 제어가 가능하다.

한 마디로 상용차라고 하지만 소형부터 대형까지 폭 넓은 차종들이 있다. 하위 차종들은 승용차같이 사용하고 상위 차종들은 완전히 작업용 자동차이다. 캡 섀시채로 거래하는 것이 기본이고 사용자가 용도에 맞게 보디를 만든다.

클래스2는 a와 b로 세분되는데, 2b보다 위가 순수한 상용차 분류이다. 아이신 정밀기계의 상용차용 변속기는 그 2b보다 상위 클래스, 대략 클래스5(와 6 일부)까지 장착할 수 있다. 어려움 점은 클래스3 자동차이다. 다음 페이지의 표에서도 봐도 알 수 있듯이 개인적 사용과 상용저 사용이 겹쳐 있다. 즉 쾌적성과 가혹한 활동능력이 다 요구된다는 뜻이다.

상용차에 요구되는 특수한 요건 첫 번째는 견인능력이다. 클래스3에 속하는 픽업트럭은 화물도 많이 싣지만 트레일러를 끌기도 한다. 클래스4 이상이 되면 픽업트럭은 없어지고 순수한 상용차가 되기 때문에 견인능력까지는 요구되지 않는다. 클래스3는 20t의 견인능력이 요구된다고 한다.

마세 아츠히로(아이신 정밀기계 주식회사 파워트레인 상품본부HV·구동기술부 구동 제1그룹 팀리더)씨는 "어떤 모델의 공식 홈페이지에서는 뛰어난 견인능력을 어필하기도 합니다. 능력이 높으면 높을수록 사용자에게 어필할 것이 있다는 것이죠. 그 견인능력 상승과 더불어 엔진의 토크도 올라갑니다. 그러면 그에 대응하는 허용토크가 높은 변속기를 공급해야 하겠죠. 그것이 현재의 트렌드입니다."라고 말한다.

스즈키 다카나오(파워트레인 상품본부 HV·구동기술부 구동 제1그룹 그룹매니저)씨는 "클래스3은 특수합니다. 일반 사용자와 장사에 사용하는 고객과의 경계이기 때문입니다. 그런 의미에서 요구되는 숫자의 격차가 크죠. 클래스4 이상은 사업주가 구입하기 때문에 연비에 대한 요구가 강합니다. 또 클래스가 올라갈수록 디젤엔진 비율이 높아집니다. 가솔린은 클래스4 정도까지죠."라고 덧붙였다.

미국에서의 카테고리

Class2 : 닛산 타이탄

Class3 : GMC 시에라

Class5 : 포드 F-550

Class6 : GM 탑킥

미국에서의 카테고리								
GVW	~2722kg	~4536kg	~6350kg	~7258kg	~8846kg	~11793kg	~14969kg	~14969kg
클래스	Class1	Class2	Class3	Class4	Class5	Class6	Class7	Class8
(구식 표기)	(1/2ton)	(3/4ton)	(1ton)					
USDOT카테고리	Light Duty		Medium Duty			Heavy Duty		
대표 예	토요타 타코마	닛산 타이탄	GM 시에라	닷지 RAM4500	포드 F-550	GMC 탑킥	Int'l 트랜스타	
	개인적 사용(PU보디) ⟶		상업석 사용(개별적 보디 작입) ⟶					콘보이 레벨(트레일러) ⟶
보디 스타일								
PU보디	○	○	○					
LCF(캡 오버)			○	○	○	○	○	
캡 섀시			○	○	○	○	○	
트랙터(트레일러 견인)								○

미국에서는 GVW(Gross Vehicle Weight : 최대정원이 승차하고 화물을 최대로 실은 상태에서의 총 차량무게)에 맞춰서 픽업 트럭이나 캡 오버, 캡 섀시 등의 등급을 분류한다. 클래스1의 대표차종인 토요타 타코마만 하더라도 크게 느껴지지만 미국에서는 작은 부류이다. 개인적 사용과 상업적 사용이 겹치는 클래스3(20t의 견인능력이 요구된다)용 개발은 고민스럽다. 승용차 같은 쾌적성이 요구되는 동시에 강력한 견인능력과 내구성까지 요구되기 때문이다. 클래스4 이상에서는 PTO가 필수이다. 아이신 정밀기계는 클래스2 이상(2b)~클래스5/6까지 커버한다.

승용차는 출발할 때 큰 토크를 걸면 타이어가 미끌어지면서 힘이 빠지지만, 상용차는 적재물이나 견인으로 인해 뒷바퀴에 하중이 걸리기 때문에 큰 토크를 걸어도 타이어는 미끄러지지 않는다. 때문에 출발할 때의 토크 용량은 충분히 확보할 필요가 있다. 상용차용 변속기 크기가 승용차용보다 허용토크 차이 이상으로 큰 이유는 내구수명이 길다는 것과 출발할 때의 토크(토크 컨버터의 증폭 분을 포함)를 확실히 받아내기 위해서이다.

상용차용 변속기의 두 번째 특징은 파워테이크 오프(Power Take Off)에 대응한다는 점이다(클래스4 이상). 변속기 측면으로 동력을 빼내는 장치를 장착한다. 동력을 빼내서 고층 작업차의 크레인을 움직인다거나, 덤프트럭이나 견인차량의 받침대를 움직인다거나, 쓰레기 수거차의 쓰레기를 압축해 수납하기 위한 회전판을 작동시키는데 사용한다.

PTO를 설치하기 위해서는 구조적 제약을 받는다. 플래니터리 기어의 조합에는 여러 가지 종류가 있지만 엔진 동력을 밖으로 빼낼 수 있는 내구 구조여야 한다. 그 점이 상용차용 AT와 승용차용 AT의 다른 부분이다. PTO 타입에는 변속기 안에서 동력을 빼내는 '변속기 PTO'와 엔진에서 직접 동력을 가져오는 '엔진타입 PTO', 출력축에서 가져오는 '아웃풋 샤프트 PTO' 등의 종류가 있다. 아이신 정밀기계는 벼속기 PTO를 선택하고 있다. 변속기 메이커이기 때문이다.

"변속기에서 동력을 빼내는 방식은 몇 십년 전부터 보급된 기술입니다. 장치를 단번에 장착할 수 있고 보디작업이 편리하도록 노력해온 부분이죠."(스즈키씨)

PTO는 미국의 첼시나 먼시가 대표적 메이커로, 보디작업을 할 때 보디 메이커가 선택하는 것이 일반적이다.

아이신 정밀기계가 힘쓴 부분은 엔진 브레이크다. 상용차는 화물을 싣지 않았을 때와 최대로 실었을 때의 무게차이가 크다. 픽업트럭 같은 경우는 견인 때문에 역시나 무

게변화가 크다. MT차는 운전자가 임의로 기어를 선택해 엔진 브레이크를 조절할 수 있다. 하지만 AT는 MT처럼 되지 않는다. 그렇다고 풋 브레이크를 많이 사용하는 것은 위험하다.

때문에 적재량에 맞춰서 엔진 브레이크를 최적으로 유지할 수 있게 최적의 기어가 자동으로 선택되는 제어를 적용했다. 화물을 얼마나 싣고 있는지(차량무게가 얼마나 되는지), 어느 정도의 경사길을 달리고 있는지. 이런 것들을 엔진회전이나 입출력 축의 회전 등 각종 센서 정보를 바탕으로 연산한 다음, 산출한 주행저항값에 대해 최적의 기어를 선택하는 것이다. 내리막길을 달리면서 브레이크를 밟을 경우에는 운전자가 제동력이 필요하다는 신호라고 판단해 기어를 내리는 제어도 들어가 있다.

승용차용 변속기는 연비향상 측면에서 변속기 록업을 적극적으로 시키는 식이라면, 상용차용 같은 경우는 엔진 브레이크의 효과를 발휘하게 하는 측면에서 록업을 시

PTO (Power Take Off) [작업기계를 가동하기 위해서 엔진동력을 빼내는 장치]

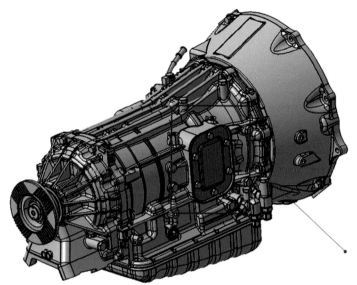

PTO가 필수

클래스3 이상 모델에는 엔진동력을 외부로 빼내는 PTO가 필수이다. 엔진에서 빼내거나 출력축에서 가져오는 방법도 있지만, 아이신 정밀기계의 제품은 변속기 본체에서 빼내는 방법을 취하고 있다. PTO 장치는 전문 메이커가 만든다(사진:먼시).

예전부터 있었던 방법으로, 직접 인풋 샤프트를 통해 동력전달 기어를 가장 바깥쪽에 배치함으로써 밖으로 동력을 빼낸다. 장치를 장착하기 쉬운 장소에 PTO를 설치하는 것이 보디작업 메이커에게는 배려가 된다.

PTO 기어

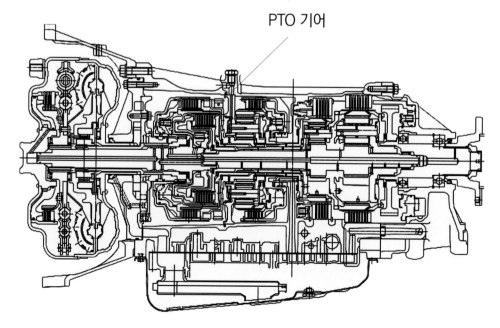

변속기 PTO

PTO는 덤프트럭의 화물칸이나 크레인 등을 움직이는데 사용한다. 다른 사례로는, 철도 레일에 차량을 올려서 달리게 하기 위한 보조 바퀴를 움직이는데 이용하기도 한다. 엔진 회전이 1:1 상태로 밖으로 나온다.

터빈회전과 같은 범위로 PTO출력 기어를 구성한다.

엔진회전과 1:1 관계로 회전을 전달하는 PTO기어는 장치를 장착하기 쉬운 장소에 위치해야 한다. 적색 선이 기어 위치로서, 가장 바깥쪽에 있다는 것을 나타낸다. 그런 의미에서 상용차량용 AT는 구조적인 제약을 받는다.

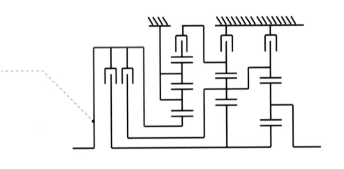

르펠티에를 채택한 6AT에서는 불가능

AT는 플래니터리 기어나 체결요소 배열에 파생 모델을 만들 수 있다. 예를 들면, 르펠티에의 스켈리턴을 적용하면 엔진회전과 1:1 관계로 회전을 전달하는 기어를 가장 바깥에 설치할 수 없어서 회전을 밖을 전달하지 못한다.

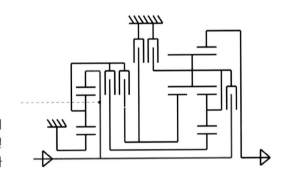

키는 의식이 강하다고 한다. 토크 컨버터가 슬립하면 엔진 브레이크가 효과를 발휘하지 못하기 때문이다.

일단락되었다고는 하지만 승용차용 스텝 AT에는 다단화 흐름이 있었다. 또 상용차용 AT도 4단에서 5단, 5단에서 6단으로 다단화 흐름이 있었다. 다만 기본적인 흐름은 똑같지만 승용차용 AT 같이 과격하지는 않다.

"다단으로 만들어 비율을 넓히면 부하가 별로 없는 상태에서 고속으로 달렸을 때 연비를 좋게 할 수 있습니다. 다만 화물을 실고 달리면 최고속도까지 도달하지 못 하는 상황이 많아지기도 하죠. 동력성능을 최적화한다거나 감속력을 최적화하는 수단으로서도 선택지가 많아진다는 의미에서 다단이 있다고 생각합니다. 승용차를 한 발 뒤에서 쫓아가는 형국이라고 할까요. 어떻게

엔진 브레이크 제어 시스템도

엔진 브레이크 제어	T/M output Sensor →	AT - ECU	

엔진 브레이크 제어

- T/M output Sensor
- Eng rev. Sensor
- T/M input Sensor
- Throttle Sensor
- **Exhaust Brake SW**
- Foot Brake SW

→

AT - ECU

- Estimation of Vehicle Weight
- Estimation of Road Grade

Establish target braking force →

Select Braking Device →

- **Lockup Clutch**
- **Shift Gear**
- **Exhaust Brake**

차량무게와 내리막길 경사도에 맞춰서 최적의 기어로 자동으로 다운 변속함으로써 엔진 브레이크를 듣게 하는 제어는 상용차량용 변속기다운 기술이다. 아이신 정밀기계가 심혈을 기울인 성능이기도 하다. 변속기의 입력 축 및 출력 축 회전이나 엔진회전수, 스로틀 센서 등의 정보를 바탕으로 목표로 하는 브레이크 힘을 산출한다. 록업 클러치 사용이나 기어 전환, 배기 브레이크를 이용해 브레이크 힘을 발휘시킨다.

**아이신정밀기계 :
상용차량용 하이브리드 변속기**

사용차량용 AT의 전동화

북미에서 판매되는 히노 듀트로에 탑재. 상용차량용 6단AT에 모터와 클러치를 내장한 하이브리드 모듈을 조합해 1모터 타입으로 만든 하이브리드 변속기이다. (하이브리드라고는 하지만 사용차량용에는 빼놓을 수 없는) 토크 컨버터 상단에 모터를 배치한다. 동력성능을 지원하는 것이 아니라 에너지회생에 초점을 둔 시스템이다. 감속할 때 엔진 부하를 분리해 효율적으로 에너지를 회생한다. 모터 출력/토크는 36kW/350Nm.

사용하느냐에 달렸기 때문에 정말로 필요한지 어떤지는 충분히 검토해 볼 필요가 있다고 생각합니다."(스즈키씨)

화물이 가벼울 때는 연비를 중시한 기어를 선택하고, 화물을 많이 실었을 때는 동력이나 엔진 브레이크를 중시한 기어를 선택하는 것이 바람직하다. 그런 의미에서 다단으로 하면 선택지가 많아진다.

상용차의 경우, 파이널 기어를 높은 쪽에 할당해 전체를 옮기는 것도 생각해 볼 수 있다고 한다. 다만 높은 쪽에 할당하면 주차할 때 걸리는 부하가 커져서 P단에 넣는 것은 괜찮지만 빠지지 않는 문제가 발생한다. 승용차 AT와 동일한 흐름이라고는 하지만 승용차에서 발생하는 과제를 의식하면서 쫓아갈 필요가 있다.

시스템에 문제가 생겼을 때 장치를 통해 동력전달 경로를 확보하는 것도 상용차용 변속기의 특징이다. 전기가 끊겨도(극단적으로 말하면 제어 장치를 빼도) 밸브 보디 구조로 유지함으로써 기어의 연결 상태는 유지된다. 싣고 있는 화물을 방치하지 않고 적어도 수리공장까지 이동할 수 있는 능력은 확보하고 있는 것이다.

변속기는 일시적으로 고전할지도 모른다.
하지만 반드시 부활할 것이다.

자트코의 오소네VP에 매우 실례되는 질문을 던져보았다.
"CVT만 만들어서 괜찮을까요? 그러다가 스텝AT에 관한 노하우가 없어지는거 아닙니까?"
오소네VP는 "별로 걱정하지 않습니다. 왜냐면…"이라면서 논리정연하게 설명한다. 결국에는 '변속기 사업의 미래는?'이라는 공세까지 펼쳐보았다.

본문&사진 : 마키노 시게오 그림:자트코

Tatsuya OSONE
오소네 다츠야

Vice President
자트코주식회사 개발부문 담당VP

Jatco
The mission is passion.

마키노(이하, M) : 자동차용 변속기는 어디로 갈까요? 당연히 현재의 모습으로 남을 가능성은 적을 것이라 생각합니다. 많이 변하겠죠?

오소네 : 그런 예측을 하는데 있어서 중요한 포인트가 4가지 있습니다. 먼저 첫 번째는 기존 변속기가 살아남을 영역을 어떻게 파악할까하는 것이고요. 2번째는 EV까지 포함한 전동화가 어떻게 진행될까. 3번째는 자율운전의 실현과 그 시기. 4번째는 소유하지 않고 사용하는 셰어링 카에 대한 것입니다. 우리 파워트레인 업계에서도 최근 몇 년 동안

이 4가지 테마를 갖고 다양한 논의를 나누었죠. 총론적으로 이야기하면 현재의 가솔린차와 디젤차가 10~15년 후에도 6~70%는 차지할 것이라는 사실입니다. 하지만 어떤 형태로 남느냐는 불투명한 상황입니다.

M : 2~4번째 포인트에 대해서인데, 어떤 지역에서 어느 정도로 보급되느냐가 관건이겠네요.

오소네 : 예를 들면 유럽과 미국, 일본에서 2~4번째 3가지가 동시에 진행된다면 변속기는 거의 필요 없게 됩니다. 한 가지나 두 가지 정도만 진행된다면 변속기는 필요하죠. 하지

만 전동화나 자율운전, 셰어링 카 모두 방향성을 좌우하는 것은 법규입니다. 자동차 메이커에게는 주도권이 없는 것이죠. 지금까지는 자동차 메이커가 시장을 만들어 왔지만 그 구도가 무너지고 있습니다. 그것이 미래 자동차 산업의 모습이고, 그렇기 때문에 변속기의 미래예측이 어려운 겁니다.

M : 가령 레벨3 이상의 자율운전이 실용화되면 교통 환경은 어떻게 될까요?

오소네 : 자율운전차량을 타고 앞을 보지 않고 이야기를 나눌 때 0.3G의 가속을 느낀다면 기분이 좋지 않을 지도 모릅니다(웃음). 운

전하는 것이 아니라 타고만 있는데, 즉 전철이기 때문에 급가속은 곤란하겠죠. 전철은 0.05G 플러스알파가 적당합니다. 현재와는 다른 교통 환경이 갖춰지지 않을까요.

M : 완전자율 상태의 자율운전은 어려울 테니까 저는 인프라 협조로 생각하는데요. 그렇다면 자율운전 대응구간이 도로교통이 밀집한 대도시와 간선고속도로로 한정될 텐데요.

오소네 : 그럴지도 모릅니다. EV도 조건은 똑같죠.

M : 지금 시점에서 EV는 원자력 발전이 뒷받침돼야 하는 시스템이라고 생각하기 때문에 재생가능한 에너지로 전기를 만들지 않으면 환경부하가 작아지지 않을 텐데요. 감정론을

빼고 말하면 일본은 무리겠죠.

오소네 : 일본의 보유대수를 전부 EV로 바꾼다면 원자력발전의 최대치에서 총발전량 가운데 약 20%를 자동차가 차지하게 됩니다.

M : 밤에 EV가 귀가 또는 귀사한 후에 7000만대가 일제히 충전을 시작한다면 그것도 큰일이겠군요.

오소네 : 그렇습니다. EV을 대량으로 보급하기 위해서는 인프라를 다시 구축할 필요가 있습니다. 지금부터 인프라를 정비하는 신흥국은 문제가 없을 겁니다. 그래서 중국이 유리한 것인데, 일본 등과 같이 성숙한 자동차 시장에서는 기존의 사회 시스템 속에 구현할 수 있는 EV대수가 그리 많지 않습니다. 이것은

관계자라면 누구나 알고 있는 사실이죠.

M : 알고는 있는데 누구도 말하지 않는 이상한 현실이군요. 특히 VW의 디젤게이트 이후에는 단순히 기이한 논의만 할 뿐, 왜 EV가 환경부하를 늘리는지에 대한 과학적 근거조차 설명할 수 없는 상황입니다. 이것은 문명의 후퇴가 아닐 수 없는데, 꽤나 답답한 기분입니다.

오소네 : 중국과 유럽 대도시는 EV로 갈 겁니다. 미국의 동서해안 대도시 같은 경우는 세컨드 카로서의 EV수요가 있을 거구요. 그런데 미국에서는 뭔가에 의지하지 않으면 살아갈 수 없는 날 것을 꺼려하는 분위기가 있습니다. 그런 의미에서는 외부충전도 가능하고

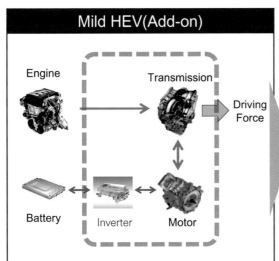
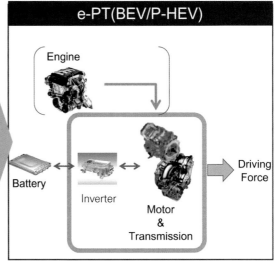

마일드 HEV와 전동 파워트레인

☐ 기존 엔진에 추가하는 타입인 마일드 HEV(Hybrid Electric Vehicle) 솔루션
☐ 전동 모터를 내장한 전용 변속기(IAV가 말하는 DHT와 같은 의미)는 EV와 플러그인 HEV에 대해 경쟁력이 있다.
☐ 가까운 미래에 전동 모터&인버터 분야로 사업영역을 확대하기 위한 마일드 HEV 개발
☐ 서플라이어·파트너나 엔지니어링 서포트 등 사외의 R&D 자원 이용도 고려하고 있다.

자력으로도 주행할 수 있는 PHEV가 맞겠죠. 유럽도 그렇구요.

M : PHEV라면 변속기가 필요하겠네요.

오소네 : 전동 모터가 들어가니까 기어 수는 줄어들겠지만 변속기는 필요합니다. 여기서 새로운 것을 제안해야 한다고 봅니다. 다만 전 세계적으로 생각했을 때 아세안과 인도, 중남미 같은 개발도상국을 볼 필요가 있습니다.

M : 유럽과 미국, 일본에서 팔리지 않게 된 현재의 변속기 시스템이 그런 나라들에서 먹

힐까요?

오소네 : 그 점입니다. 과연 그 지역의 사람들이 사용하기 편하고, 정말로 원하는 종류인지 아닌지가 핵심이죠. 이것은 투자회수나 비용에만 국한된 이야기가 아닙니다. 2005년 무렵에 유럽 메이커들이 HEV를 개발하느냐 마느냐는 논의가 있었던 시대와 같은 양상입니다. 결국 유럽 메이커들은 P0부터 P4까지 HEV 방식을 갖추고는 현재 보급에 힘쓰고 있죠. ZF나 게트락(Getrag) 같은 변속기 메이커는 앞으로의 불확실성 때문에 모듈화

를 진행하는 것 같습니다.

M : 저도 그렇게 들었습니다. 모든 것은 주문에 의해 진행되기 때문에, 이것을 원한다고 했을 때 서두르는 일이 없도록 미리 준비해둔다고 말이죠. 그래서 엔지니어링 회사와의 연대를 강화하고 있다고 생각합니다. 변속기 모듈화도 마찬가지겠죠.

오소네 : 이제 변속기 형식이 어떻다 하는 시대는 아닙니다. 요구하는 성능이 어떤 것인지, 요구하는 수준은 어떤 정도인지, 이것이 결정되지 않으면 변속기 형식은 고를 수 없

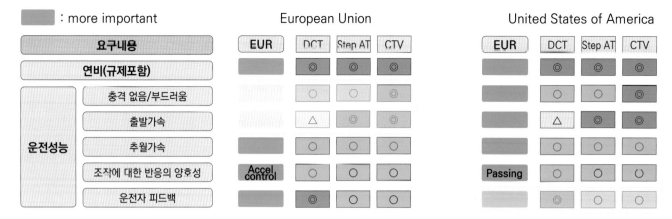

유럽연합 : 유럽에서는 「자동차는 기계노예이다」라는 말이 있다. 때문에 운전성능을 우선시한다. 변속기 선택도 마찬가지. 그래서 MT 베이스의 DCT가 가장 먼저 등장했다. 변속충격은 이해 받지만 직결감이 없는 지루함을 꺼린다. 이런 경향은 지금도 계속되고 있다.

미국 : 고속도로 합류가 짧은 구간에서 이루어지기 때문에 순간 가속성능이 필수. 또 고속도로에서 순항하다가 추월하는 가속성능도 중시한다. 스텝AT 발상지로서, 토크 컨버터를 통한 토크 증폭이 이해 받는 이유가 이 가속성능에 있다.

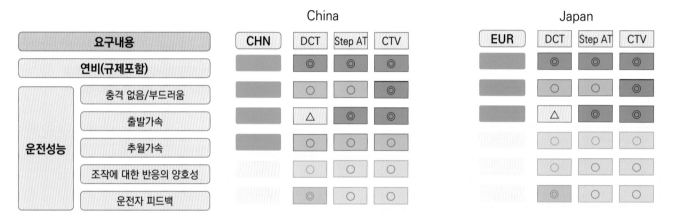

중국 : 유럽과 북미의 각 기호가 섞여 있는 독특한 시장이다. 도시에서는 미국 방식을 선호하지만 교외로 한 발 나가면 유럽 방식을 선호. 고속도로망이 순조롭게 정비되고 있어서 평균속도가 일본보다도 높다. 다만 연료비가 비싸서 연비에 대한 요구가 커지고 있다.

일본 : 연비가 좋고, 조용하고 부드럽게 출발해 변속 충격을 느끼지 않는 변속기가 좋다…면 CVT가 인기를 끄는 이유를 설명할 수 있다. 출발하기만 하면 일상영역에서의 가속도는 떨어지고 최고속도도 낮다. 세계적으로 매우 특수한 시장이라고 할 수 있다.

습니다.

M : 좀 전에 자율운전 차에서 0.3G를 느끼면 기분이 좋지 않을지도 모른다고 말씀하셨는데, 최대 0.2G 가속이 괜찮다고 한다면 변속기 모습은 어떻게 바뀔까요?

오소네 : 크게 바뀔 겁니다. 0.2G 정도면 작은 전동 모터로 달릴 수 있죠. 또는 모터를 아주 작게 하고 전기적으로 6~7단 정도의 변속비 폭이 되도록 하는 방법도 있습니다. 어느 정도의 가속을 요구하는지에 따라 달라지겠죠. 한 가지 말씀드릴 수 있는 것은 자율운전이든 셰어링 카든지 간에 현재 자동차만큼의 가속성능은 요구되지 않을 것이란 점입니다.

M : 자신이 소유하지도 않는 것에 얽매일 이유는 없겠죠.

오소네 : 전동 모터와 스텝AT도 괜찮고 CVT와 DCT도 괜찮습니다. 어떤 것이든 가능성은 있는 것이죠.

M : 그래서 생각난 것인데 자트코는 CVT만 남았습니다. 미래에 어떤 것이 요구될지 모르는 상황이라면 스텝AT와 DCT에 정통한 엔지니어도 필요할 것 같은데요.

오소네 : 그 점은 걱정하지 않습니다. CVT를 CVT답게 하는 것은 벨트&풀리에 고유압 시스템이라는 점입니다. 한편 스텝AT는 유성기어와 저유압 시스템이지만 유성기어의 발전은 20년 전에 멈춘 상태라 기구학적으로는 발전하지 않았습니다. 발전한 것은 베어링이나 실, 소재 같은 것들입니다. 제조기술 측면에서 보면 CVT는 구성부품이 적기 때문에 풀리 같은 어느 한 가지를 정교하고 치밀하게 만듭니다. 스텝AT는 구성부품이 많아서 만드는 방법이 잘 조화를 이뤄야 합니다. 사내에 스텝AT 경험자가 있기만 하다면 만들지 못할 일은 없습니다. 알고 있는 사람이 있다는 전제로 말이죠.

M : 하지만 향후 전동 모터와 스텝AT의 조합이 있을 수 있다면 스텝AT의 골격(Skeleton)을 그릴 수 있는 사람이 필요하지 않을까요?

오소네 : 스켈레톤을 그리는 것이 어렵기는 한데, 사내에서 못 한다면 엔지니어링 회사로부터 살 수도 있습니다. 무엇보다 엔지니어링 회사의 제안이 타당한지 어떤지를 판단하는 담당자는 사내에 필요하죠. 그런 것보다 앞으로의 시대는 제어 소프트웨어가 중요합니다. 이 분야는 독일이 가장 앞서 있습니다.

M : 독일이야말로 엔지니어링 회사의 존재가 크다고 알고 있습니다. BMW는 ZF제품의 스텝AT를 사용하던데 ZF는 AVL이나 IAV와 협조하더군요. 하지만 제어 소프트웨어는 직접 만들지 않습니다. 그 때문에 전문기업을 매수했죠. 제가 취재한 바로는 다임러의 9G 트로닉은 IAV가 스켈레톤을 제공한 것 같고 제어 소프트웨어도 직접 만들지 않은 것

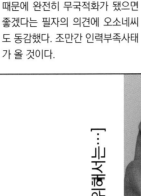

위는 FR용 7AT. 자트코는 이것을 바탕으로 HEV를 만들었다. 아래는 CVT의 벨트&풀리. 자트코는 부변속기를 조합해 커버비율을 확대한 제품으로 시장을 리드해 왔다. 하지만 오소네씨는 "이제 변속기 형식이 어떠냐는 것은 문제가 아니다"라고 밝혔다.

필자의 질문에 대해 항상 논리정연하게 설명해 줬던 오소네씨. 걱정스러운 것은 '기술자 수가 압도적으로 부족하다는 점'이라고 한다. 엔지니어의 공통된 언어는 영어이기 때문에 완전히 무국적화가 됐으면 좋겠다는 필자의 의견에 오소네씨도 동감했다. 조만간 인력부족사태가 올 것이다.

[연비를 향상시키기 위해서는…]

같습니다.

오소네 : 변속기와 엔진에 관한 종합 소프트웨어는 엔지니어링 회사가 좌지우지하는 느낌이죠. 오늘날에는 변속기 메이커나 자동차 메이커 모두 엔지니어링 회사를 빼고는 성립되지 않습니다.

M : 변속기 제어방법도 일본과 유럽이 다르더군요. 예를 들면 스텝AT 같은 경우, 일본은 이제야 체결요소와 리니어 솔레노이드를 1대 1로 묶으면서 제어성을 중시하게 됐지만 독일 메이커들은 훨씬 전부터 그렇게 했었죠.

오소네 : 일본이 적합중시의 맵 위주라고 한다면, 유럽은 맵뿐만 아니라 수학과 자연과학적인 방법을 동원해 제어합니다. 그렇기 때문에 클러치/브레이크와 솔레노이드가 1대 1이어야 하는데, 한 개의 솔레노이드로 한 개의 변속기만 제어하는 겁니다. 부품수가 다소 증가하고 용적이 약간 커졌다 하더라도 그런 것에 개의치 않고 제어를 중심으로 생각합니다. 수리학적 방법의 장점은, 가령 100점 만점에서 80점의 성능이 프로그램을 적용한 초기 단계에서서 얻을 수 있다는 점입니다.

M : 일본 특유의 '절약정신'이 반대로 변속기의 진보를 가로막았다는 뜻이네요….

오소네 : 디지털 툴을 사용하는 시대에는 성능과 기능이 1대 1인 편이 시뮬레이션이나 해석도 하기가 쉽습니다. DCT조차도 수리학 프로그램이죠. 콤포넌트의 특성이나 실력을 파악한 상태에서 최적으로 튜닝하는 능력은 일본 기업이 압도적으로 높다고 생각합니다. 또 그것을 살릴 수 있는 프로그램 방법이 있습니다. 예를 들면 유틸리티의 감도특성을 알 수 있는 프로그램을 짜서 독립 인수(因數)로 만드는 것이죠. 그렇게 결정하면 독일 메이커들에게 대항할 수 있습니다.

M : 그것은 저의 이해를 넘어서는 것이라 할 거면 빨리 하시라는 말씀 밖에 못 드리겠네요. 다만 독일의 산학관 공동체는 무서울 정도의 맨 파워를 갖고 있습니다. 일본이 변속기 시장에서 살아남으려면 전체가 하나가 되는 수밖에 없다고 생각하는데요.

오소네 : 동감입니다.

M : 또 전동화가 착착 진행되는 가운데 범용성이 높은 변속기의 모습은 어떻게 될 것으로 생각하십니까?

오소네 : 2~4단+전동 모터가 되겠죠. 평행축이든 유성기어든지 간에 3단과 4단은 무게·치수가 거의 다르지 않기 때문에 4단이 타당하다고 생각합니다.

M : 좀 전에 CVT와 전동 모터의 조합도 있을 수 있다고 말씀하셨는데요.

오소네 : 커버비율에 욕심 내지 않는다면 작은 풀리를 사용할 수 있습니다. 그것만으로도 기계효율은 올라가죠. 나머지는 변속감이나 다이렉트감, 변속시간 지체 등과 같은 요구 가운데 무엇을 우선시 할지입니다. 그것은 현재의 스텝AT냐 CVT냐는 논의와 똑같습니다.

M : 닛산 노프 e-POWER에 엔진과 직결되는 장치를 넣는 생각은 어떻게 생각하십니까. 저는 반드시 그렇게 해야 한다고 보는데요.

오소네 : 유럽에 직렬 HEV는 안 어울린다는 주장도 있지만 가솔린을 넣으면 달리는 EV는 현명한 자동차입니다. 이것을 극복해 보고 싶은 사람이 많을 겁니다. 다만 80km/h 이상에서는 엔진과 직결해야겠죠. 엔진과 모터를 분리하려면 변속기가 필요한데, 어느 부분에서는 해야 할 겁니다. 그리고 만약 바이오 에탄올로 노트 e-POWER가 달릴 수 있게 된다면 현존하는 자산 가운데 최대의 지속가능한 차가 아닐까요. 인프라가 필요 없으니까요.

M : 지금까지 말씀 잘 들었습니다.

GM : **10L series**

10AT

북미 연합군에 의한 최신예 연비대책 다단AT

미국의 두 거인인 GM과 포드가 손잡고 개발한 세로 배치 10단 AT. 4개의 유성기어 세트를 사용하는 GM 8단 AT의 양쪽 끝 기어에 4클러치/2브레이크를 사용하고, 각각 Lo/Hi를 추가한 구조. 따라서 8AT보다 치수만 25mm 길 뿐, 무게는 약 1kg 가벼워졌다. ZF의 9HP와 비교하면, 기어 수가 늘었음에도 불구하고 커버비율은 좁아졌다(9.819:7.343). 목표로 하는 시장에서 비현실적인 고속연비를 쫓기보다 스텝비를 세세하게 나누어 실용연비를 향상시키겠다는 목표가 명백해 보인다.

1st	4.70
2nd	2.99
3rd	2.15
4th	1.80
5th	1.52
6th	1.28
7th	1.00
8th	0.85
9th	0.69
10th	0.64
R	4.87
최종감속비	–

Ford : **10R series**

The Latest Transmission
CATALOGUE

전 세계 자동차 산업에서 중요할 뿐만 아니라 심각한 주제인 연비대책.
어쩌면 그것은 변속기를 다단화의 길로 이끄는 보이지 않는 손이기도 했다.
한편으로 전동화는 계속해서 진행 중으로, 파워트레인 속에서 변속기라는 존재는 애매한 상태가 되어가고 있다.
스텝AT부터 DCT, 하이브리드 시스템에 이르기까지 변속기의 '현재'에 대해 살펴보도록 한다.

본문 : 미우라 쇼지

Honda : 10-Speed Automatic

시장의 주행속도 영역에 맞춰 기어비를 최적화

헬리컬 기어 이중 축 방식이라는 특수 구조의 AT를 계속해서 만들어온 혼다에게 있어서 최초의 자사개발 유성기어 방식 스텝AT. 전·후진 전환용 한 방향 클러치에 습식·다판 클러치를 내장했다. 유성기어 세트인 링 기어에 외곽 날을 만드는 등의 개선을 통해 전후 길이를 기존 6AT 보다 약 43mm 줄였다. 혼다의 북미용 모델에는 ZF의 9HP가 공급되고 있었는데 굳이 신형 제품을 투입한 것은 기어비를 시장에 맞게 최적화하기 위해서 일 것이다. 전체적으로 로 기어로 만든 것을 보면 100km/h에서의 연비개선에 주력한 것 같다.

1st	5.246
2nd	3.271
3rd	2.185
4th	1.597
5th	1.304
6th	1.000
7th	0.782
8th	0.653
9th	0.581
10th	0.517
R	3.974
최종감속비 3.61	

정 가운데의 입력축 상에 있는 유성기어 세트와 안쪽의 세트 외부에 날이 나 있는 것이 특징. 안쪽 링 기어 우측은 "2웨이" 클러치. 토크 컨버터에는 3단의 제진 댐퍼가 들어가 있어서 엔진시동을 다시 걸 때의 진동을 억제한다. 3단 이상의 건너뛰기 변속이 가능하다.

Honda : 9-Speed DCT

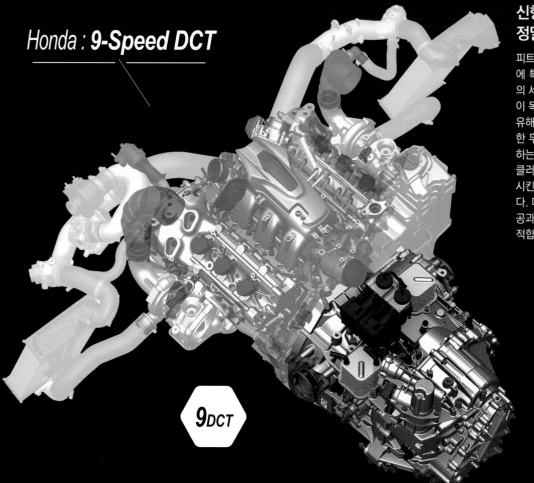

9DCT

신형 NSX전용·독특하고 정밀도가 뛰어난 소량생산 DCT

피트용 7단이나 레전드용 7단 등과 같이 HEV에 특화된 독특한 DCT를 만들어 온 혼다 최초의 세로배치 DCT. 홀수 기어와 짝수 기어의 축이 독립되어 있고, 이것들을 카운터샤프트를 경유해 디퍼렌셜로 보내는 독특한 구조이다. 마주한 두 개의 기어를 한 쌍의 샤프트 포크로 조작하는 구조에서는 변속 불가능한 1단만 한 방향 클러치로 차단하고, 사용하지 않을 때는 공회전시킨다. 때문에 1단은 동시 작동이 되지 않는다. 디퍼렌셜의 하이포이드 기어에 대한 정밀가공과 모래 틀로 주조한 하우징 등, 소량생산에 적합한 공법을 채택하고 있다.

1st	3.838
2nd	2.433
3rd	1.777
4th	1.427
5th	1.211
6th	1.038
7th	0.880
8th	0.747
9th	0.633
R	2.394
최종감속비	
앞8.505 뒤3.583	

GM : 9T series

9AT

1st	4.69
2nd	3.31
3rd	3.01
4th	2.45
5th	1.92
6th	1.45
7th	1.00
8th	0.75
9th	0.62
R	2.96
최종감속 –	

ZF·9HP와 정면승부에 나선 북미의 기대주

다단AT에 적극적인 GM의 가로배치 9단AT. 5개의 유성기어 세트를 한 축에 배열하기 위해서 일반적인 클러치&브레이크를 통한 기어의 체결·분리 이외에 한 방향 클러치를 적용. 앞단과 뒷단을 한 방향 클러치로 연결하면 순식간에 단속이 끝나며, 회전 클러치 같은 장소도 필요 없다. 공간적 여유가 없는 가로배치용에서는 주류를 차지할 것 같은 기술이다. 커버비율은 7.564로, ZF·9HP보다 크로스&로 기어로 만들어졌다. 북미시장에 특화시킨 선택이라 할 수 있다.

Daimler : *9G-TRONIC*

오늘날의 다단화 변속기라는 흐름을 개척한 스텝AT

2003년에 세계 최초로 7단AT "7G-TRONIC"을 선보인 메르세데스 벤츠는 2013년에 세로배치용으로는 최초인 9단AT를 발표. AT의 다단화를 촉진시킨 메이커이기도 하다. 7G-TRONIC은 통상의 유성기어와 라비뇨방식의 복합 유성기어를 조합했지만, 이 9단AT에서는 일반적인 유성기어 4세트를 사용하고, 그것을 각 3개의 클러치/브레이크로 제어한다. 아이들링 스타트에 대응하는 전동 오일펌프, 원심진자 방식의 토크 컨버터 제진 댐퍼 같은 선진 기술은 이어받으면서 연비를 억제하고 있다.

1st	5.503
2nd	3.333
3rd	2.315
4th	1.661
5th	1.211
6th	1.000
7th	0.685
8th	0.717
9th	0.601
R	4.932
최종감속비 2.24	

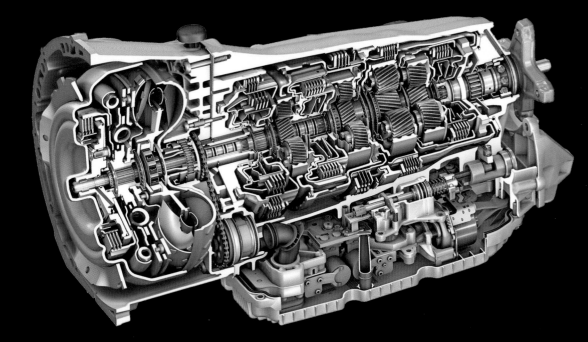

9AT

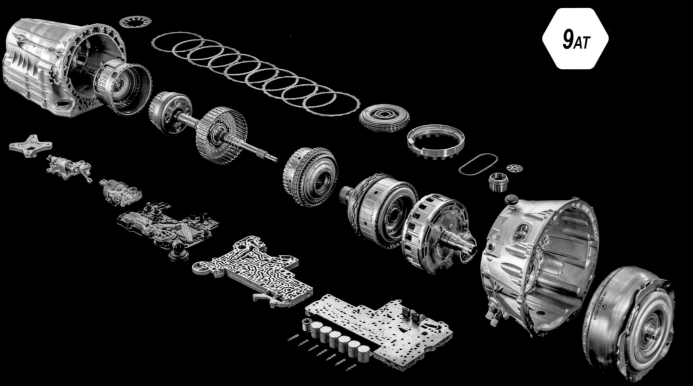

8AT

Toyota : *UA80*

Aisin AW

까다로운 하이브리드 시스템의
양 날개를 이루는 한 쪽 날개

토요타의 구조 개혁 플랜 'TNGA'는 차체 플랫
폼뿐만 아니라 파워트레인의 효율향상까지 포
함한 전략으로, 2021년까지 다수의 엔진과 변
속기, 하이브리드 시스템을 투입한다. 세로배치
10단AT와 가로배치 8단AT이 이 과정에서 새
롭게 개발된 변속기 제1탄이다. 토요타의 변속
기를 독점적으로 공급하는 아이신AW가 개발
부터 생산까지 분담한다. 북미용 캠리에 이미
장착되고 있다.

토크 컨버터의 록업 클러치가 다판화
되면서 수용 토크용량 향상과 더불어
지름이 작아졌다. 응답성과 제어성까
지 배려해 기존 6AT보다 LA#4 모드
에서의 록업 사용비율을 30% 가량
높였다.

1st	5.25	6th	1.00
2nd	3.03	7th	0.81
3rd	1.95	8th	0.67
4th	1.46	R	4.01
5th	1.22	최종감속비	3.63

샤프트 사이의 기어는 모두 톱날 연마가 되어 있어서 정숙성
이 향상되었다. 밸브 보디와 전자(電磁) 밸브는 응답성이 향
상되었고, 소형화되었다. 커버비율은 7.835로, 2단 출발이
전제인지, 1단 기어비가 상당히 낮은 것이 특징이다.

초소형 편평 토크 컨버터
Ultra Compact Flat Torus Torque Converter

다판 특업 클러치
Multiple Clutch Disc for Lock-up

▲ 습식다판 클러치의 접촉저항을 줄이는 방편으로 오일 흐름을 고려해 세그먼트 형상을 최적화했다. 이 형상이 클러치 분리 시 마찰재와 고정 플레
이트를 떨어뜨리는 형태로 작용하면서 지금까지의 손실 토크를 50%까지 회복시킨다.

eCVT — Toyota : **THS-II for PHV**

원 웨이 클러치
One-Way Clutch

제너레이터
Generator

동력분할기구
Power Split Device

플라이 휠
Flywheel

PHEV답게 대용량 전력을 이용한 2모터 구동

2015년에 토요타가 자랑하는 하이브리드 시스템은 구동용 출력축과 연결된 감속펑치기 유성기어에서 펑기어로 비끼는 큰 변화가 있었다. 이것을 바탕으로 만든 PHV 사양에서는 큰 전력을 사용할 수 있었기 때문에 그때까지 발전용(MG1)과 구동용(MG2)으로 역할을 분담했던 모터를 양쪽 모두 구동용으로도 사용할 수 있게 되었다. 유성기어 구조상 MG1에 구동력을 걸면 반작용으로 인해 엔진이 역회전하려고 하기 때문에 한 방향 클러치를 장착한다.

감속비 3.218

KIA : **8-Speed Automatic**

유럽과 미국, 일본만 있는 것이 아니다. 제4 세력이 세상에 던지는 자사개발 다단AT

지금까지 AT 공급에 있어서는 ZF와 깊은 관계를 맺었던 기아가 완전히 자사에서 개발한 가로배치 8단AT를 발표. 2012년에 개발하기 시작한 이 AT에는 143가지나 되는 특허기술이 담겨있다고 한다. 기존에 3개의 유성기어 세트로 이루어졌던 6단AT에 클러치와 평기어를 추가한 사양이지만 무게는 3.5kg이나 가벼워졌다. 스텝AT의 손실 대부분이 오일과 관련되어 있기 때문에 오일펌프를 크게 줄이고 밸브보디의 구조를 간소화함으로써 오일 사용을 철저히 효율화했다.

1st	4.808
2nd	2.901
3rd	1.864
4th	1.424
5th	1.219
6th	1.000
7th	0.799
8th	0.648
R	3.425
최종감속비 3.32	

8AT

1st	5.97
2nd	3.24
3rd	2.08
4th	1.42
5th	1.05
6th	0.84
7th	0.68
8th	0.53
R	5.22
최종감속비	3.36(4S) / 3.15(터보)

8DCT

Porsche : *8-Speed PDK*

고효율 DCT의 장점을 그대로 모터와 결합

DCT라고 하는 트윈 클러치 방식 자동MT의 기원을 쫓아가보면 1980년대에 Gr.C카에 탑재된 포르쉐 PDK에 다다른다. 그런 포르쉐가 DCT를 시판차량에 적용한 것은 2008년의 타입 997부터이다. 또 ZF와 같이 개발한 7단MT는 PDK를 수동화한 특이한 경력도 갖고 있다. 2017년에는 8단으로 바뀌면서 구동용 모터와 조합을 이루었다. 최고속도가 6단에서 발휘되고, 7·8단은 연비에 특화된 오버 드라이브 비율이다.

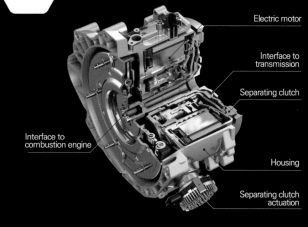

Electric motor

Interface to transmission

Separating clutch

Interface to combustion engine

Housing

Separating clutch actuation

8단 PDK "Ⅱ"는 애초부터 하이브리드를 전제로 했던 것으로 보이는데, 출력이 큰 모터를 탑재하기 위해서 총길이 단축에 애쓴 것이다.
7단과 비교해 기어 세트가 많은 만큼 7kg이 무겁기는 하지만 총길이는 142mm가 짧다.
이것은 메인 샤프트와 카운터 샤프트를 기어 세트 축에서 분리한 4축 구조 때문이다.

eAXLE

Nissan : **e-POWER**

위대한 필요악인 변속기
저 너머에 있는 존재

변속기 카탈로그에 이 장치를 싣는 것이 조심스럽기는 하지만 그래도 소개하도록 하겠다. e-POWER는 직렬 하이브리드라고 하는 장치로서, 엔진은 구동에는 직접 관여하지 않고 발전기를 만드는 동력원으로만 사용된다. 발전용 모터와 병렬로 배치되는 구동용 모터 사이, 감속장치에만 톱날이 사용되며 변속장치는 없다. 최고속도가 140km/h로 제한되는 것은 변속기기 없기 때문인데, 2단 변속기가 있으면 더 광범위한 속도영역에 대응할 수 있을 것이다.

Toyota : **E-FOUR**

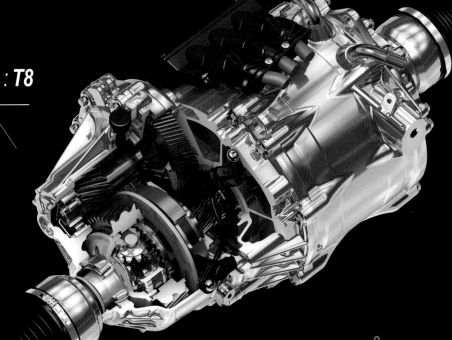

앞뒤바퀴를 다른 동력으로 따로따로
제어하는 4WD의 혁신아

이것 또한 변속기는 아니다. 하이브리드를 위해서 대용량·고전압 전지를 탑재한다면 또, 4WD화에 있어서 보조 구동바퀴를 완전히 모터구동으로 한다면 복잡하고 무거운 트랜스퍼와 프로펠러 샤프트를 없앨 수 있다. 그다지 최신 아이디어는 아니고 2002년에 닛산 마치가 원형을 제안한 바 있다. 준비단계의 4WD라면 그다지 큰 출력의 모터가 필요 없고. 2WD ↔ 4WD 전환이나 출력억제도 아주 쉽다. 앞으로의 4WD는 이 방식이 주류가 될지도 모르겠다.

GKN Driveline : **eAxle**　　*VOLVO :* **T8**

변속기 전문 메이커와는 차원이 다른 발상

추종 바퀴를 독립적으로 전동화하는 e-4WD는 자동차 메이커나 변속기 메이커뿐만 아니라 구동 시스템 서플라이어에게 시장참여 기회를 제공했다. e-Axle은 구동시스템 부품 시장의 거대 기업인 GKN 드라이브라인 제품으로, 액슬장치에 모터와 디퍼렌셜을 집어넣어 디퍼렌셜을 단속가능하게 함으로써 2WD 주행 시 드라이브 샤프트의 접촉 저항을 없애는 장치이다. 같은 이름의 간편한 2단 변속장치를 갖춘 장치가 BMW i8의 앞바퀴에 장착되었는데, 출력이 작은 모터로 넓은 변속영역의 EV주행을 가능하게 한다.

동력 전달

Drivetrain BASICS

기초부터 알아보는 드라이브트레인

동력원이 내연기관이든 전기 모터이든 간에
자동차는 발생한 동력을 노면에 전달하지 않으면 의미가 없다.
에너지를 낭비 없이 효율적으로 전달하는 동력전달장치, 즉 드라이브트레인의 역할이다.
드라이브트레인이라고 한 단어로 말하지만 그 구성은 몇 가지로 분류된다.
각각의 작용에 대해서 알고 있는 부분도, 모르는 부분도 있을 것이다.
여기서는 드라이브트레인에 대해 알아보는 동시에
동력을 전달하기 위한 시스템에 대해서도 새롭게 파헤쳐 보겠다.
본문 : 마키노 시게오, 다카하시 잇페이, 세라 고타, 미우라 쇼지 사진 : 후리하타 도시야키

01

본문 : 마키노 시게오
사진 : 후리하타 도시아키

앞바퀴가 회전하는 중심. 여기서 지면을 향해 수직선으로 내려간 위치가 거의 중심 접지면이다. 이 자동차는 정지 상태에서 좌우 합계 520kg의 무게를 앞 차축이 분담한다.

[transmission]
변속기

내연기관 엔진은 저회전 영역에서 토크를 크게 발휘하지 못 한다. 그런데 자동차는 출발할 때 가장 큰 토크를 필요로 한다. 그 때문에 출발할 때는 감속기어를 사용해 '엔진이 3회전할 때 바퀴 1회전' 같이 엔진 작업량을 늘린다. 그 역할을 변속기가 담당하는 것이다.

엔진 바로 뒤에서 타이어 접지면까지

자동차의 「구동시스템」을 들여다보다.

드라이브트레인(drivetrain)은 구동장치 전체를 나타내는 말로 쓰인다.
엔진(motor)이 만든 동력은 변속기를 거쳐 차동장치를 지나서는 좌우 차축을 통해 바퀴로 배분된다.
먼저 그 전체 모습을 살펴보겠다.

▶ 드라이브트레인 평면도
Plan view of drivetrain

우측 사진은 마츠다 로드스터의 내부 모습이다. 동력을 만드는 엔진. 그 동력을 구동바퀴까지 전달하기 위한 변속기, 프로펠러 샤프트, 디퍼렌셜 샤프트, 드라이브 샤프트, 허브 그리고 바퀴. 인간으로 비유하면 심장과 순환기 계통이다. 서스펜션은 근육. 이처럼 보디와 내장 등을 다 제거하고 바라보면 우리가 자동차에 대해 느끼는 감정이 거의 사라지는 것 같기도 하다. 특히 FR(Front Engine, Front Drive) 자동차는 엔진에서 뒤차축의 디퍼렌셜까지가 직선으로 되어 있다. 디퍼렌셜과 좌우 바퀴로 동력을 배분하는 드라이브 샤프트 주변은 날렵한 동물의 뒷다리를 떠올리게 한다. 엔진의 힘이 흐르는 것이 눈에 보인다. 그런데 보통 엔진부터 뒤쪽의 구동 시스템에는 별로 주목하지 않는다. 자동차를 구성하는 장치 가운데 가장 주목받는 것은 당연히 엔진이다. 엔진에는 최고출력이나 최대토크 같이 알기 쉬운 스펙이 있다. 변속기를 표현하는 숫자는 기어 단수 정도에 불과하다. 플라이휠이나 프로펠러 샤프트에는 자신을 알려주는 숫자가 없다. 하지만 이렇게 평면도를 바라보고 있으면 그 중요성을 한 눈에 알 수 있다. 결코 엔진이 '메인'이

[wheelbase]

축간거리

앞바퀴 접지점 중심과 뒷바퀴 접지점 중심의
좌우 평균거리. 사실은 좌우 바퀴의 축간거리
가 완전히 똑같지는 않다.

[ear wheel center]

뒤 차축 중심

뒷바퀴가 회전하는 중심. 이 자동차는 후륜구동으로, 자
동차를 달리게 하는 힘은 뒤축 중심의 바로 아래에서 지
면과 접촉한다. 또 이 자동차는 정지 상태에서 좌우합계
470kg의 무게를 뒤차축이 분담한다.

[hub]

허브

바퀴(wheel)를 현가싱시(suspension)에 상식앞 때
위치를 정하기 위한 부품. 구동바퀴에서는 바퀴와 드
라이브 샤프트를 연결하는 역할을 하며, 조향바퀴에
서는 스티어링 장치와 바퀴를 연결하는 역할도 한다.

[driveshaft]

동력전달 차축

엔진에서 발생한 동력을 최종적으로 바퀴에 전달하는
부품. 현재의 승용차에서 일반적인 좌우 독립현가(in-
dependent suspension)방식 같은 경우는 바퀴가
위아래로 움직이면서 각도가 변하기 때문에 이것을 허
용하면서도 동력을 1대 1로 전달하는 고정 등속조인
트(joint)가 바퀴 쪽과 동력전달 장치 쪽에 연결된다.

[differential gear]

차동기어

자동차가 커브를 그릴 때 바깥쪽 바퀴는 안쪽 바퀴보
다 궤적이 길어지기 때문에 빨리 돌게 된다. 구동바퀴
에서는 이 좌우 바퀴의 회전차이를 허용하기 위한 차
동기어 장치가 필요하다. 차동을 제한하는 기능을 갖
춘 것이 리미티드 슬립 디퍼렌셜(LSD)이다.

[center of gravity]

무게중심위치

앞바퀴 하중과 뒷바퀴 하중이 균형을 이루면서 횡력이
발생하지 않는 위치. 자동차의 수평운동(노면과 평행
한 운동)은 무게중심을 중심(中心)으로 한다. 이 자동
차는 변속레버 약간 뒤 쪽이 무게중심 위치이다.

[propeller shaft]

프로펠러 샤프트

엔진동력을 떨어진 곳에 위치하는 바퀴에 전달하기 위
한 전달 축. 1대 1로 전달하는 것이 기본.

CTIV-CHASSIS
EW MAZDA MX-5

파워트레인 강성
stiffness of powertrain

보디에서 말하는 강성은 '굴절', '비틀림'을 가리키는데, 이것은 그대로 구동시스템에도 적용된다. 강력한 힘을 만드는 엔진은 일정한 방향으로만 회전하기 때문에 엔진 자체가 폭주하게 된다. 이 폭주를 억제하면서 변속기 안에서 증·감속이 이루어지고, 놀라울 작은 지름의 출력축으로 '주행하는 힘'이 전달된다. 양 끝에 접속부(조인트)가 달린 프로펠러 샤프트와 드라이브 샤프트는 아무리 정밀도를 높여서 만들더라도 약간이나마 '비틀림'이나 '변형'이 발생한다. 따라서 변속기에서 디퍼렌셜까지는 튼튼히 고정해야 한다. 그런 조치가 파워트레인 전체의 강성을 좌우하기 때문이다.

독자들은 앞 페이지부터 이어지는 일련의 구동시스템 사진을 보고 어디에 눈길을 줄까. 사진 속 모습은 보통은 보디로 덮여 있어서 쉽게 볼 수 없지만, 기계의 아름다움을 보여주는 멋진 자동차의 속이 응축되어 있다. 타이어가 돌출된 포뮬러 머신이 멋지게 보이는 이유하고 비슷하지 않을까. 뭐 하나 여분의 부품이 없다. 여분은 고사하고 뭐 하나라도 빠지면 자동차로서 성립하지 않는다. 그런 분위기가 바로 느껴지는 사진이다.

여기서 잠깐, 구동시스템이라고 할 때 과연 어디까지가 구동시스템일까?

변속기는 당연히 구동시스템이다. 강력한 전동 모터가 있으면 변속기는 필요 없냐고 물어본다면 반드시 그런 것은 아니다. 모터는 고회전으로 돌아가면 효율이 나빠지기 때문이다. 모터를 보완하기 위해서 '어떠한 변속'이 필요하다고 생각하는 기술자가 결코 적지 않다. 다음으로 프로펠러 샤프트. FF(Front Engine·Front Drive)의 경우는 프로펠러 샤프트가 필요 없지만 이것도 엄연히 구동시스템 가운데 한 가지 요소이다. 마찬가지로 엔진 출력을 90도 방향으로 전환하는 하이포이드 기어(Hypoid Gear)도 FF에서는 필요 없지만 사실은 발전 가능성을 간직한 구동시스템 부품이라 할 수 있다.

디퍼렌셜과 드라이브 샤프트는 모든 자동차에 꼭 필요하다. 이것도 구동시스템 부품이다. 그리고 드라이브 샤프트 끝에서 바퀴와 연결되는 허브, 이것이 구동시스템의 마지막일 것이다. 휠과 타이어도 구동시스템 범주에 들어가기는 하지만 이 두 가지는 서스펜션과 함께 섀시 계통의 부품으로 보는 것이 맞을 것이다. 타이어가 접지하는 자세에 따라 자동차는 운동성이 바뀐다. 그 타이어는 휠에 장착되어 있다. 그리고 휠은 허브와 연결된다. 허브가 구동시스템의 출구이고 거기서부터 다음은 차량운동 계통이라고 볼 수 있다.

그럼 구동시스템을 구성하는 장치와 부품에는 각각 어떤 역할이 있을까. 이 글에서는 그런 역할에 대해 알아보려고 한다. 제각각 존재이유가 있는 구동시스템의 구성요소에 대해 기본 개념을 다시 살펴보려는 것이다. 각 파트의 설계를 담당하는 전문가들로부터 기초강좌를 들은 다음 우리가 전달하는 방식이다. 이것을 계기로 구동시스템의 구석구석까지 흥미를 가져보길 바란다. 이후의 내용은 본지 편집진이 분담해서 집필했다. 현재 구동시스템 설계자의 의도를 가능한 충실히 전달해 보도록 하겠다.

측면모습
drivetrain side view

마츠다 로드스터의 구동시스템을 옆에서 봤을 때 가장 인상 깊었던 것은 변속기에서 리어 디퍼렌셜 방향으로 뻗은 트러스(truss) 형상의 프레임이다. 파워트레인 가성을 확보하기 위한 보강재로서, 역대 로드스터에 계속 사용해 왔다. 실내가 강판과 지주로 튼튼히 만들어진 세단 계열과는 달리 지붕이 없는 컨버터블은 파워트레인에 작용하는 '굴절', '비틀림'이 매우 크다. 파워트레인의 역할을 최대한으로 끌어내기 위해서는 이런 구조가 필요한 것이다. FR에서는 이렇게 변속기가 앞뒤방향으로 길어지기 때문에 변속기 장치의 강성도 필요하다.

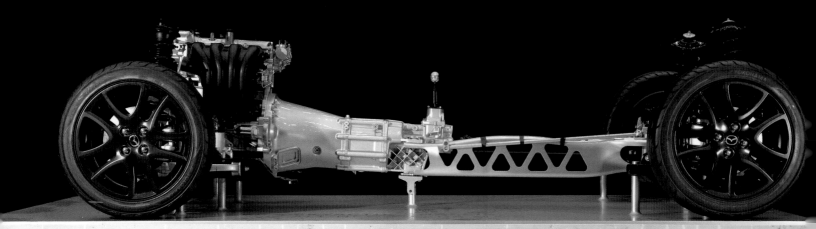

● 만능 커플링
universal joint / universal coupling

프로펠러 샤프트 양 끝에 달린 유니버설 조인트(만능 커플링)는 입력 쪽과 출력 쪽이 이론상으로는 1대 1이지만, 실제 운전에서는 엔진회전의 급격한 고저로 인해 샤프트 자체가 비틀린다. 프로펠러 샤프트가 길 때는 길이 자체에 의한 비틀림과 무게배분에 유의해야 하기 때문에 설계하기가 어렵다.

● 앞바퀴 허브
front wheel hub

FR의 앞바퀴에는 구동력이 전달되지 않는다. 그래서 허브에는 조향장치만 연결하면 된다. 또 스트럿 방식 서스펜션의 앞바퀴는 허브에서 뻗어 나온 너클에 쇽업소버가 고정된다. 더블 위시본 타입 서스펜션에서는 너클이 어퍼 암을 지지한다. 하지만 공간적 여유가 없다.

● 뒷바퀴 허브
rear wheel hub

이처럼 허브에 직접 연결하는 서스펜션 링크가 많은 경우는 허브 형상이 복잡하다. 여기에 드라이브 샤프트까지 같이 연결할 경우에는 드라이브 샤프트 자체도 서스펜션 링크로 생각하고 설계한다. 복잡한 형상을 정확하게 양산하며, 큰 구동력을 견디면서 당연히 차량의 수명과 같이 갈 수 있는 제품이 만들어진다.

변속기는 대체 왜 필요할까?

내연기관 엔진의 출력 특성은 원래 자동차를 달리게 하기에는 맞지 않는다. 토크가 가장 필요한 순간은 정지 상태에서 출발할 때인데, 그러기 위해서는 엔진회전을 줄이고 토크를 늘릴 필요가 있다. 그래서 변속기와 조합해야 하는 것이다. 우측 그래프는 1.4ℓ 과급 가솔린엔진과 2.0ℓ 직접분사 NA 가솔린엔진의 변속 특성을 나타낸 것이다.

전동 모터에는 변속기가 필요없다?

붉은 선은 전동 모터의 토크 특성을 나타낸 것이다. 전동 모터는 가솔린엔진과 변속기의 조합으로 추구하는 토크 특성을 아무 것도 하지 않고도 얻을 수 있다. 우측 그래프에서 붉은 실선과 가솔린엔진 선이 겹쳐져 있는 것을 볼 수 있다. 단지 전동 모터는 감속해서 사용하고 있고, 모터 크기를 그대로 하고 가솔린엔진 1단의 저속토크와 7단의 오버 드라이브 속도 상승과 같은 성능을 내기 위해서는 변속이 필요하다.

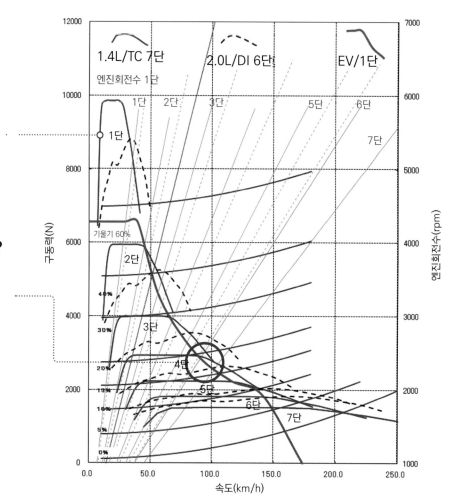

Illustration Feature
Drivetrain BASICS

INTRODUCTION

02

본문 : 마키노 시게오
사진 : 후리하타 도시아키 그림 : HERO

드라이브트레인의
에너지 손실의 대부분은 "마찰"

엔진 동력이 타이어로 하여금 지면을 "내달리게 하는" 에너지로 바뀌기까지는 몇 가지 통과절차가 있다.
엔진 내부에서는 '열효율' 정도가 문제시되지만, 엔진에서 나온 동력은 기계손실로 인해 점점 줄어드는 문제가 있다.

지금은 내연기관 엔진의 열효율이 조금씩 개선되고 있다. 앞으로의 목표는 가솔린엔진이 50%, 디젤엔진이 60% 이상이라고 한다. 그래도 전동 모터의 토크 특성을 따라가지는 못 한다. 전동기는 회전이 상승한 직후에 최대토크가 발생한다. 기술적으로만 생각하면 전동은 정통이다. 그런데 전기는 저장이 어렵고 운반도 어렵다. 그래서 석유계통 연료가 자동차를 석권한 것이다. 거기에 필요악이 생겼다.

내연기관 엔진은 회전이 상승한 직후에는 약간의 힘만 발휘한다. 그래서 변속기가 필요한 것이다. 하지만 기어나 마찰 클러치를 사용하는 변속기에는 기계적 손실이 따라온

다. 다음 페이지 그림은 드라이브트레인의 어떤 부분에 어떤 손실이 발생하는지를 설명한 것이다. 숫자는 어디까지나 참고일 뿐이다. 비용을 들이면 손실이 상당히 개선되기는 하지만 비용에 제약이 따르는 양산 차량은 큰 개선을 기대하기가 어렵다.

한편 BEV(배터리 전기자동차)에는 변속기가 없다. 충분한 출력/토크가 나오는 전동 모터를 1단 감속으로 사용하는 경우가 대부분이다. 회전이 빨라지면 전동 모터의 효율이 떨어지지만 최고속도를 100km/h에 맞추면 문제는 없다. 적재중량이 큰 트럭을 전기차로 만들면 저속 시에는 변속기가 필요하다.

하지만 BEV는 가능한 한 가볍게 만드는

것이 좋다. 변속기 무게만큼 에너지 손실이 있기 때문에 장착하지 않는 것이 좋다. 변속기 내부의 기계 손실도 BEV의 효율을 깎아먹는 요인이다. 그리고 변속기 뒤쪽의 바퀴로 구동력을 전달하는 부분은 BEV나 가솔린차량 모두 똑같다. 이 전달과정에서 손실은 피할 수 없다. 드라이브샤프트나 허브도 결국은 마찰과의 싸움이다. 드라이브트레인에서의 에너지 손실은 거의가 마찰이기 때문이다.

엔진 열효율만으로 자동차 효율을 말할 수는 없다. 여기에 변속기의 구동력 전달효율을 포함시켜야 한다. 또 그 다음은 부품·장치의 손실도 추가하고 최종적으로는 지

면과 접촉하는 타이어의 마찰손실도 고려해야 한다. 자동차의 파워트레인에는 앞으로도 수많은 연구과제가 남아 있는 것이다.

자동화도 마찬가지이다. 스텝AT의 토크 컨버터처럼 출발장치(Starting Device)로 전동 모터를 사용한 사례는 이미 있었다. 이것은 변속기가 '메인'이고 모터는 '서브'이지만, 소형 모터를 3~4단 변속시켜 엔진과 함께 파워 액추에이터 역할을 하게 하는 변속기가 등장할 것이다. 이런 방식은 현재와 같은 모든 엔진의 사용법과 완벽하게 들어맞을 수 있다. 게다기 효율까지 개선할 수 있다.

문제는 가격이다. 자동차 전체의 에너지 효율을 개선하려면 많은 비용이 드는데, 구동시스템에 어느 정도를 할당할 수 있을지가 문제인 것이다. 가령 솔라카 레이스에서는 모든 부분의 에너지 손실을 줄이기 위해서 바퀴에 개당 5만 원짜리 세라믹 볼 베어링을 사용하는 경우도 있다. 하지만 이런 부품은 양산 시 판차량에서는 절대 사용하지 못한다. "특별한 기능을 보편적인 가격으로" 사용할 수 있어야 한다. 양산을 통해 가격을 크게 낮출 수 있는 부품이라면 양산효과를 기대하고 채택할 가능성이 있기도 하지만, 과연 경영진이 구동시스템의 비용 상승을 받아들일 수 있을까.

또 마지막으로 타이어 문제가 있다. 최근에는 회전저항이 낮은 타이어(구름저항이 낮은 타이어)가 유행하고 있는데, 콤파운드(고무) 개선과 더불어 공기압을 높여 접지면을 줄이는 방식으로 마찰과 싸우고 있다. 하지만 점점 한계영역에 도달하고 있다. 저온에서의 그립성능 확보에서는 프랑스에서 발명한 실리카가 큰 역할을 맡고 있다.

만약에 구동시스템 전체적인 손실을 현재의 반으로 줄일 수 있다면 그것은 엔진의 열효율을 비약적으로 높이는 것과 똑같은 효과를 가져다준다. 구동시스템을 발전시켜야 하는 이유가 여기에 있다.

변속기 내부의 손실

- 기어 1곳이 물리면 최대 1% 정도의 기계 손실이 발생한다.
- 잘 만들어진 MT의 동력전달 효율은 97% 전후.
- MT의 클러치에서도 약간이지만 전달손실이 발생한다.
- 스텝(유단)AT에 사용되는 유성기어 세트는 1세트에서 3~4% 정도의 기계 손실이 발생한다. 이 속에는 기어마다 사용되는 베어링 손실도 포함.
- 현재의 CVT는 기어 고정 상태에서 전달효율이 95% 정도, 변속 중에는 55~60%까지 떨어진다.
- 어떤 변속기라도 윤활유(오일)에 의한 손실이 있다. 또 오일펌프를 구동하기 위해서 필요한 동력도 손실이 된다. 특히 CVT 같은 경우는 오일펌프 손실이 장치 전체 가운데서 가장 크다.
- 스텝AT 내부에서는 클러치/브레이크의 접촉저항이 발생하는데 이것이 손실로 이어진다.

▶ '엔진 이후'의 에너지 손실

열효율 40%인 엔진을 장착했다 하더라도 엔진 뒤쪽이 무대책이면 자동차 전체의 효율은 순식간에 떨어진다. 일반적으로 현재 통상적인 가솔린 차량의 에너지 효율은 20% 이하로 여겨진다. 전동 모터만 사용하는 BEV도 변속기 이후는 엔진차량과 차이가 없다. 변속기만 발전한다면 엔진 차량도 계속해서 같이 갈 수 있다.

프로펠러 샤프트(추진축) 손실

엔진(입력) 쪽에서 디퍼렌셜 기어(출력) 쪽까지 이론적으로는 1대 1로 동력을 전달하지만, 양쪽 끝에는 베어링이 있고 샤프트 자체 질량도 있기 때문에 사소하게나마 손실이 발생한다.

허브~휠에서의 손실

- 바퀴와 연결되어 있는 허브에는 정밀도가 높은 베어링이 있는데, 구동바퀴 좌우 합쳐서 1% 정도의 손실이 발생한다.
- 브레이크는 주행 중에도 아주 약간이지만 브레이크 디스크와 마찰재(브레이크 패드)가 접촉하기 때문에 약간의 저항이 된다.
- 브레이크의 접촉저항과 허브 베어링의 손실은 거의 비슷한 수준이다.

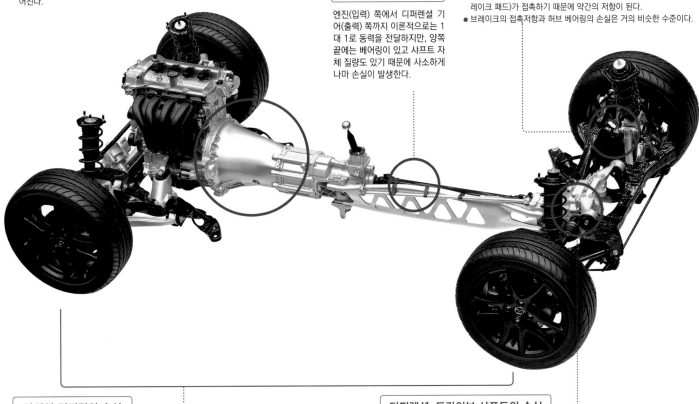

타이어 접지면의 손실

- 자동차는 타이어의 트레드 면과 지면 사이에 작용하는 마찰력으로 달린다. 마찰력이 작으면 빙판 위에서 바퀴가 헛도는 것처럼 달리지 못한다. 자동차 전체적으로 봤을 때 타이어의 접지면 손실은 평지에서 7% 정도나 될 정도로 가장 큰 편이다.
- 속도가 빨라지면 80km/h 부근 이상에서는 노면 저항보다 공기저항이 더 커진다.

디퍼렌셜~드라이브 샤프트의 손실

- 세로배치 엔진의 동력을 90도 방향으로 전환하기 위한 하이포이드 기어는 3% 정도의 손실을 일으킨다. 단품으로 봤을 경우 구동시스템 부품 가운데서는 가장 손실이 크다.
- 디퍼렌셜 기어의 결합 손실은 1% 이하로 알려져 있다.
- 드라이브 샤프트는 입력과 출력이 거의 비슷한 1대 1 전달 장치이지만, 서스펜션의 상하 움직임에 의해 각도가 생기는 경우는 손실이 커진다.

사능자용 변속기를 분류하면 몇 종류나 될까. 순수하게 기계장치로 파악했을 때는 대략 아래 차트와 같다. 2015년 시점에서의 변속기 비율 추산은 MT가 44%로 가장 많으며, 스텝AT는 34% 이상, CVT가 12% 이상, DCT는 약 6%이다. 전 세계에서 생산한 2700만 대의 자동차 중 CVT의 대부분은 일본 자동차 메이커가 차지하고 있다. 하지만 일본에서 압도적인 존재감을 자랑하는 CVT도 세계적으로는 소수파에 불과하다.

변속기를 이야기할 때 생산설비 요건을 빼놓을 수 없다. MT와 스텝AT는 필요설비가 다르다. 특히 CVT는 벨트&풀리(변환기) 생산설비가 필요하기 때문에 한 번 투자하면 회수할 때까지는 계속해서 만들어야 한다. 일본은 막대한 자금을 CVT에 투지했기 때문에 앞으로도 계속해서 만들지 않으면 안 된다.

CVT에서는 특히 풀리의 표면가공에 독자적인 노하우가 있다. 벨트나 체인 모두 풀리 위에서 슬립하면서 감는 반경을 바꿔가며 변속하는 동시에 구동력을 전달한다. 그 때문에 풀리 표면을 '거칠게 가공' 한다. 일정한 패턴으로 미세하게 긁힌 자국이 나도록 가공한다. 이렇게 '거칠게 가공' 해서 만들어진 홈에 CVT 오일이 스며들어 유막을 만든다.

한편, 스텝AT는 부품개수가 CVT보다 휠

'출발' × '변속' = 다종다양
전 세계적으로 봤을 때 CVT는 소수파

일본에서는 CVT와 스텝(유단)AT가 승용차의 90% 이상을 차지한다.
하지만 세계시장 전체적으로는 현시점에서도 MT가 42%를 차지하고 있으며, MT에서 파생한 DCT를 더하면 50%나 된다.

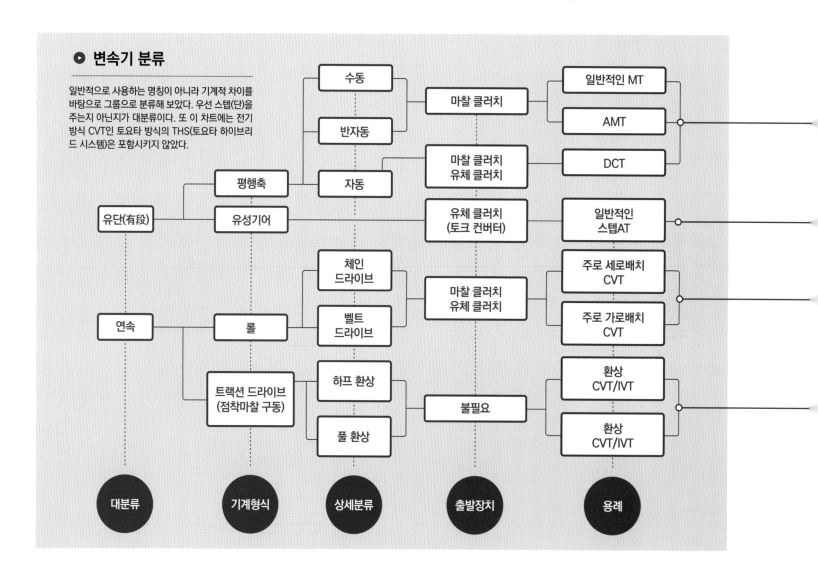

▶ 변속기 분류

일반적으로 사용하는 명칭이 아니라 기계적 차이를 바탕으로 그룹으로 분류해 보았다. 우선 스텝(단)을 주는지 아닌지가 대분류이다. 또 이 차트에는 전기 방식 CVT인 토요타 방식의 THS(토요타 하이브리드 시스템)은 포함시키지 않았다.

씬 많아서, 부품 사이의 틈새(클리어런스)를 관리하면서 조립할 필요가 있다. 설비와 노하우는 세트로서, 전 세계적으로 스텝AT 설비와 제조를 같이 할 수 있는 메이커는 10개사가 채 안 된다. 사실 변속기에 대한 아이디어는 다양한 편이어서 새로운 것들도 등장하고 있기는 하지만, 항상 문제는 '만들 수 있느냐 없느냐 여부', '사용해 줄 자동차 메이커가 있는지 여부', '생산 설비 투자는 얼마인지' 등에 있다.

변속기 이야기로 돌아가면 기계형식 측면에서는 기어 접촉인가, 벨트 같은 마찰 접촉인가 또는 트랙션 드라이브 방식인가로 나뉜다. 벨트/체인 방식의 CVT는 트랙션 드라이브라고는 부르지 않는다. 기어 접촉은 통상적인 MT와 스텝AT, DCT에서 사용되는 방식으로, 기어 배열이 어떻게 구성되느냐에 따라 유성기어를 사용하는 스텝AT만 별도로 구분한다. 또 한 가지 요소가 출발장치인데, 이것은 유체 클러치인 토크 컨버터까지 포함해 거의가 클러치이다. 제품은 세분화되어 있더라도 기반 기술은 통해 있는 것이 변속기라고 할 수 있다. 결국 토크와 파워, 마찰을 다루기 때문이다.

● 2축 기어를 통해 선택하는 변속

MT의 변속 메커니즘은 위 사진처럼 샤프트와 포크에 의해 이루어진다. 시프트 레버 끝이 이 선택장치와 연결되어 있다. MT의 기어열(쾌)을 유용하는 DCT는 '어느 쪽 기어 열을 선택할지'를 클러치의 연결 교체로 하기 때문에 마치 대형 게의 집게 같은 부품이 있다. 전동으로 변속하는 DCT도 있다.

● '굵고 짧게' 또는 '가늘고 길게'

유성기어를 사용하는 스텝AT는, 엔진을 가로로 배치하는 FF용으로는 '짧고 굵게', 엔신을 세로로 배지하는 FR용으로는 '가늘고 길게' 만드는 경향이 있다. 유럽의 FR용 스텝AT는 길이에 신경 쓰지 않고 기능 위주로 설계하는 경우가 많다. 반대로 FF용은 작게 만드는 것이 필수적으로, 특히 일본 제품은 소형화에 많은 노하우가 있다.

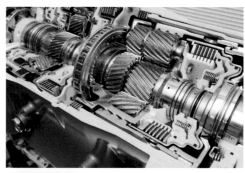

◀ 벨트&풀리

일반적인 CVT는 대부분 이 형태이다. 나란한 두 개의 풀리에 벨트를 걸어서 돌리는데, 이때 벨트를 감는 반지름에 차이를 두어 기어비를 만든다. 덧붙이자면 현재의 전자제어를 통한 이 방식은 엄밀하게 말하면 연속무단계 변속이 아니라 200단 이상의 초다단 변속이다. 제어하기 쉽도록 세세하게 스텝(段)을 잘라놓았다.

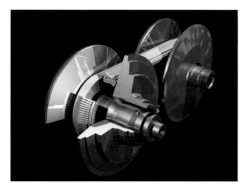

▶ 진정한 연속무단계 변속기

환상(Toroidal) 방식은 우측 사진처럼 원반과 롤러로 구성된다. 원반 위를 롤러가 이동하면서 변속비를 만들어낸다. 이 방식이 진정한 의미에서의 연속무단계 변속기이다. 양산차량용으로 실용화한 것은 일본뿐이었다. 하지만 양산에는 이르지 못하고 단가가 1500만원이나 될 만큼 비쌌다.

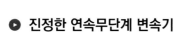

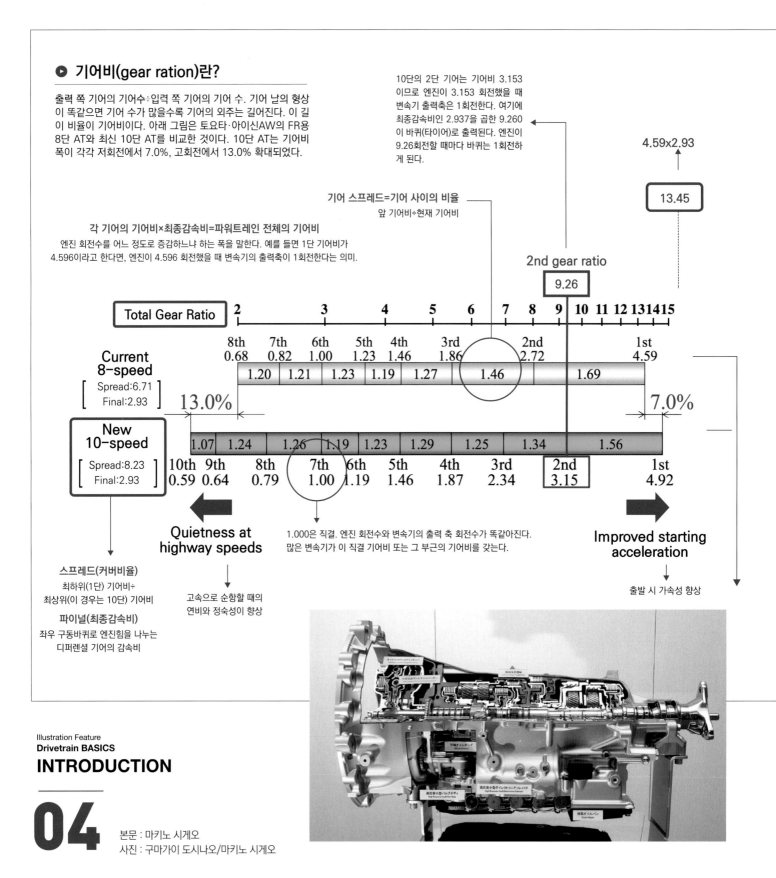

● 기어비(gear ration)란?

출력 쪽 기어의 기어수：입력 쪽 기어의 기어 수. 기어 날의 형상이 똑같으면 기어 수가 많을수록 기어의 외주는 길어진다. 이 길이 비율이 기어비이다. 아래 그림은 토요타·아이신AW의 FR용 8단 AT와 최신 10단 AT를 비교한 것이다. 10단 AT는 기어비 폭이 각각 저회전에서 7.0%, 고회전에서 13.0% 확대되었다.

10단의 2단 기어는 기어비 3.153이므로 엔진이 3.153 회전했을 때 변속기 출력축은 1회전한다. 여기에 최종감속비인 2.937을 곱한 9.260이 바퀴(타이어)로 출력된다. 엔진이 9.26회전할 때마다 바퀴는 1회전하게 된다.

4.59×2.93

13.45

기어 스프레드=기어 사이의 비율
앞 기어비÷현재 기어비

각 기어의 기어비×최종감속비=파워트레인 전체의 기어비

엔진 회전수를 어느 정도로 증감하느냐 하는 폭을 말한다. 예를 들면 1단 기어비가 4.596이라고 한다면, 엔진이 4.596 회전했을 때 변속기의 출력축이 1회전한다는 의미.

2nd gear ratio

9.26

Total Gear Ratio	2	3	4	5	6	7	8	9	10	11	12	13	14	15

Current 8-speed
[Spread:6.71 Final:2.93]

8th 0.68	7th 0.82	6th 1.00	5th 1.23	4th 1.46	3rd 1.86		2nd 2.72		1st 4.59
1.20	1.21	1.23	1.19	1.27	1.46		1.69		

13.0%   7.0%

New 10-speed
[Spread:8.23 Final:2.93]

1.07	1.24	1.26	1.19	1.23	1.29	1.25	1.34	1.56	
10th 0.59	9th 0.64	8th 0.79	7th 1.00	6th 1.19	5th 1.46	4th 1.87	3rd 2.34	2nd 3.15	1st 4.92

← Quietness at highway speeds

1.000은 직결. 엔진 회전수와 변속기의 출력 축 회전수가 똑같아진다. 많은 변속기가 이 직결 기어비 또는 그 부근의 기어비를 갖는다.

Improved starting acceleration →

스프레드(커버비율)
최하위(1단) 기어비÷
최상위(이 경우는 10단) 기어비

파이널(최종감속비)
좌우 구동바퀴로 엔진힘을 나누는
디퍼렌셜 기어의 감속비

고속으로 순항할 때의
연비와 정숙성이 향상

출발 시 가속성 향상

04

본문 : 마키노 시게오
사진 : 구마가이 도시나오/마키노 시게오

커버 비율 "8"의 시대

확대 경쟁은 끝났을까?

더 폭넓은 기어비를 적용해 연비를 향상시키는 동시에 최고속도를 끌어올린다.
커버비율 확대를 통한 효과는 상품성과 직결되었지만 슬슬 한계가 보이기 시작했다.

● **(좌)CVT는 풀리 지름에 의해 커버비율이 결정되지만…**

단순히 커버비율 확대라는 측면에서만 보면 스텝AT가 하기 쉽지만 장치 전체가 커진다는 문제가 있다. 엔진을 세로로 배치하는 FR 같은 경우, 10단으로 만들기가 쉬운지 묻는 다면 "가로배치 FF에 비하면 아직…" 정도로 말할 수밖에 없다.

● **(우)기어 수는 늘려도 기어 비는 크게 하지 않는다.**

자동차에 탑재할 수 있는 최대치로 풀리 지름을 크게 하면 CVT 무게가 늘어나게 된다. 때문에 기껏해야 10mm 정도 확대와 중심 쪽 축을 가늘게 만드는 정도로만 커버비율을 확대할 수 있다. 그래서 서브 변속기를 붙이는 방법이 등장했다.

커버리지 비율(Ratio Coverage). 줄여서 커버 비율. 가령 6단 기어로 된 변속기에서 1단 기어비가 4.66:1, 6단이 0.72라고 하면, 커버비율은 4.66÷0.72=6.47이 된다. 변속기 폭의 넓이를 나타내는 수치로서, 요즘에는 특히 기어비 1.0 이하의 하이 기어 쪽으로 넓어지는 경향이 있다.

앞 페이지는 토요타/아이신AW가 개발한 10단 AT와 그 설계에 바탕이 된 8단 AT의 기어비를 비교한 것이다. 저속 쪽(1단)은 출발가속 개선, 고속 쪽(9/10단)은 고속으로 순항할 때의 정숙성이 목표라고 나타나 있다. '연비향상을 노렸다'고는 기록되어 있지 않다. 실제로 개발담당자를 취재한 바로는 '운전편이성을 위한 10단'이라고 한다. 순항하면서의 가속, 구불구불한 도로에서의 가감속 등, '일본의 일반적 속도영역 내에서 10단의 장점을 느낄 수 있도록 하는 맛'을 가미한 것이라고 한다.

자트코(JATCO)가 세계 최초로 5단 AT를 완성한 것이 1989년, 독일 ZF가 세계 최초의 6단 AT를 세상에 선보인 것이 2001년이다. 7단 이상의 스텝AT는 03년 이후에 등장했다. 그리고 토요타/아이신AW가 06년에 세계 최초의 8단 AT를 완성한 이후 이를 바탕으로 10

단이 등장했다. 이것은 어떤 면에서 '경쟁'에 가깝지만 막상 개발현장을 취재해 보면 아무래도 "순서는 중요하지 않다"는 것을 알 수 있다.

차세대 자동차에 어떤 동력성능을 부여할 것인가. 그를 위해서 엔진과 변속기를 어떻게 만들 것인가. 이 지점이 출발선이다. 토요타 같은 경우 '기분 좋은 변속', '뻗어나가는 느낌이 있는 변속'을 실현하기에 기존의 8단 AT로는 역부족이라고 판단했다. 실제로 달려보면 '일본 도로에서도 다 사용할 수 있는 10단'이 만들어졌음을 알 수 있다. 8단 상태에서 기어 사이의 스텝만 넓혀도 커버비율은 넓어진다. 하지만 그래서는 기분 좋은 가속은 되지 않는다.

기어단과 기어단 사이가 좁아지면, 즉 기어 간(間) 비율(기어 스프레드(스텝비))이 작으면 크로스 비율이라고 해서 스포츠 드라이빙과 잘 맞는다. 가장 높은 기어에서의 기어비를 1.00으로 하고, 최하위 기어부터 높은 곳까지를 세세하게 나누어 6단으로 만든 MT는 있다. 변속할 때 엔진 회전을 떨어뜨리지 않기 위해서이다. 많이 사용하는 기어의 기어 간 비율은 1.25 정도로 하고, 나머지는 엔진의 토크 특성을 살피면서 세세하게 튜닝하는 것이 스포츠

드라이빙을 지향하는 자동차의 스텝AT이다.

유성기어를 사용하는 스텝AT는 기어 날 개수를 조합해 커버비율을 정한다. 한편 CVT는 두 개의 풀리에 거는 벨트 또는 체인의 감기 반지름을 통해 정한다. 이 때문에 CVT는 커버비율을 넓히기가 어렵다. 풀리 지름을 너무 크게 하면 CVT 전체가 커지면서 무거워지기 때문이다. 그래서 커버비율을 확대하기 위해 풀리의 중심축을 가늘게 함으로써 최소 감기 반지름을 줄이는 방법을 사용해 왔다. 당연히 커버비율을 확대하기에는 한계가 따른다.

그래서 자트코가 개발한 것이 서브 변속기가 딸린 CVT이다. 유성기어로 2단 기어비를 만들어 커버비율을 넓혔다. 제어가 어려워지고 감속방향으로 기어의 전환 충격이 남지만 커버비율은 넓어졌다. 이 방법으로 서브 변속기를 3단으로 하면 커버비율은 더 넓어지지만 현재 상태에서 그런 계획은 없는 것 같다.

그렇다면 10단 AT가 실현된 이후에 11단이나 12단도 등장하게 될까. 현시점에서 들은 바로는 그럴 가능성은 낮다. 가속이든, 연비든, 10단이면 충분하다는 것이다. 10단에서 얻을 수 있는 커버비율 값은 8.232이다. 당분간은 이 정도로도 확실히 충분해 보인다.

[Transmission BASICS]

변속기 Q&A

드라이브트레인 가운데서 가장 중요한 장치는 변속기(트랜스미션)이다.
변속기는 엔진 출력을 바퀴로 전달하기 전에 '현재'의 주행상황에 맞는 상태로 맞춰주는 '중개 역할'을 담당한다.
변속기 내부에서는 어떤 일이 일어나는지, 그리고 그것이 어떻게 바퀴로 전달되는지에 대해 살펴보겠다.
본문 : 마키노 시게오 협조 : 자트코/아이신AI

현재 AT차의 변속 레버는 스위치 방식이다. 전기신호를 AT의 컴퓨터에 보내는 스위치 방식이지 AT와의 기계적 링크는 없다. 스티어링 휠에 달린 패들 스위치도 마찬가지이다.

A 스텝(유단)AT이든 CVT이든 변속작업은 유압이 한다. 그 유압은 오일펌프가 만든다. 근래에는 아이들링 스톱 기능이 기본사양처럼 됐기 때문에 엔진이 정지하더라도 다음 작동을 위한 유압을 확보할 수 있다.

그렇다면 스텝AT는 어떤 식으로 변속할까. 간단히 말하면 'MT와 동일'하다. 출발은 토크 컨버터(유체 클러치)가 한다. 움직이고 난 후 다음 변속은 습식다판 클러치 또는 브레이크가 담당한다. 우측 페이지의 상단 사진은 스텝AT의 전체 모습이고, 아래 사진은 뒤쪽에 있는 유성기어 모습이다. 원으로 표시한 위치에 클러치/브레이크(이것을 한 번에 체결요소라고 부른다)가 있다. 이것은 바퀴 형상의 마찰재 몇 장을 사용하는 구조로서, 클러치나 브레이크 모두 형태는 거의 비슷하고, 역할만 다르다. 각각의 클러치/브레이크에는 유압으로 움직이는 피스톤이 장착된다. 유압실로 오일이 흘러 들어가면 피스톤이 클러치판을 밀어 클러치를 연결한다. 오일이 빠지면 피스톤에 장착된 스프링 힘에 의해 원래 위치로 돌아온다.

이 작동을 위해서 용량이 큰 유압 펌프가 필요하다. 또 오일의 흐름을 만드는 밸브도 필요하다. 운전자가 클러치 페달을 밟아서 조작하는 MT

CASE STUDY | 스텝AT편

변속은 어떻게 이루어지나?

원리는 MT와 같아서, 클러치를 '잡고', '놔주는' 식으로 이루어진다.

본문 : 마키노 시게오 사진 : BMW/MFi

01

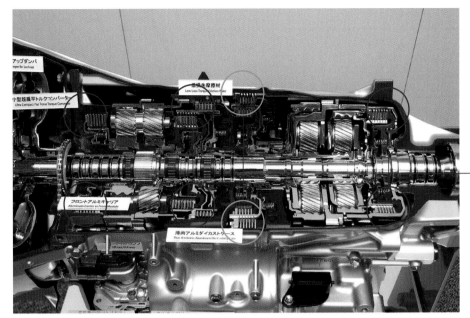

🔺 신속한 유압작동

유압의 장점은 오일이 가득 찬 관 한 쪽에서 압력을 더 가하면 바로 반대쪽이 반응한다는 점이다. 길이가 아무리 길어도 순식간에 전달된다. 오일은 비압축성 액체이다. 경우에 따라서는 전동보다도 응답성이 빠르다. 그래서 AT 내부에 사용되는 것이다. 유압회로에 대해서는 다른 글에서 해설하겠다.

◀ 유압으로 움직이는 다판 클러치

다판 클러치란 여러 개의 클러치를 겹치게 해서 접촉 면적을 확보한 클러치를 말한다. 떨어져 있을 때는 동력이 전달되지 않는다. 붙으면 동력이 전달된다. 또 한 가지, 클러치와 똑같은 장치의 브레이크가 들어 있다. 이것은 회전을 전달하는 것이 아니라 어떤 한 기어만 움직임을 중지시키고 싶을 때 작동한다. 좌측의 AT 사진은 왼쪽부터 순서대로 브레이크/클러치 3개, 세 번째 클러치 바깥쪽에 브레이크(여기만 이중. 색이 다른 부분), 마지막으로 클러치이다.

다판 클러치 부분을 확대한 모습. 유압이 클러치 실로 전달되면 피스톤(팔 같이 구부러진 단면 부분)이 다판 클러치를 밀어낸다. 클러치 마찰재와 그 상대가 되는 판이 교대로 들어가 있어서 유압에 의해 피스톤이 움직이면 붙으면서 회전이 전달된다.

▼ 유성기어 세트의 3요소

클러치와 브레이크가 조작하는 대상이 유성기어이다. 아래 그림처럼 중심의 선 기어, 그 주위의 유성(이너) 기어, 바깥쪽의 링 기어로 구성된다. 이 페이지의 AT 사진은 이 유성기어 세트 3개를 사용한 것이다. 화면 좌측의 유성기어는 '1개뿐이지만 작용은 2개 몫'을 하는 타입이다.

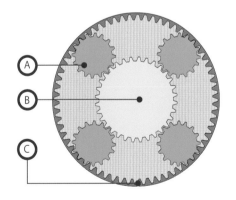

A : 유성(이너)기어
통상 3~4개가 사용된다. 이 기어에는 간격이 동일하도록 기어를 지지하는 캐리어라고 하는 지지부품이 반드시 필요하다. 4개가 있으면 90도씩 배치한다.

B : 선 기어
중심에 있기 때문에 선(태양) 기어. 가장 든든하게 보이지만 선 기어로부터 출력하는 AT는 소수에 불과하다.

C : 링 기어
전체를 지지하는 기어로서, 가장 기어 날이 많다. 접촉하는 기어끼리의 날 차이가 기어 비를 만들기 때문에 링 기어의 회전이 가장 느리다.

와 달리 유성기어 방식 AT(대부분이 이 방식이다)는 유압이 클러치와 브레이크를 조작한다. 그리고 이 조작은 운전자 혼자서는 절대로 할 수 없다. 복수의 클러치/브레이크를 항상 '거의 동시'에 움직여야 하기 때문이다.

위쪽 AT사진은 항상 3개의 클러치 또는 브레이크를 물고 있다. 변속할 때는 정해진 순서대로 아주 짧은 시간 동안에 클러치가 떨어지고 다음 기어에 필요한 클러치/브레이크 3개를 다시 연결한다. 클러치가 4개, 브레이크가 2개이므로 페달이 6개나 되는 클러치를 절대로 조작할 수 없다. 그러나 변속의 기본은 '현재 기어상태에서 회전하는 클러치를 분리해서', '신속하게 다음 클러치를 연결하고', '돌아가지 말아야 할 것은 브레이크로 세우는' 식의 간단한 작동이다.

이 변속장치는 스위치 방식으로도 만들 수 있다. 그런 경우는 '번 연결', '2번 분리', '3번 그대로' 라는 느낌의 조작이다. 페달을 밟는 다리보다 쓰임새가 많은 손가락이 10개나 있다 하더라도 달리면서 조작하는 것은 절대적으로 무리이다.

Q 02 유성기어는 어떤 일을 하나?

유성기어 세트를 분해해 보면 크기가 다르다는 것을 알 수 있다.

본문 : 마키노 시게오 사진 : 구마가이 도시나오

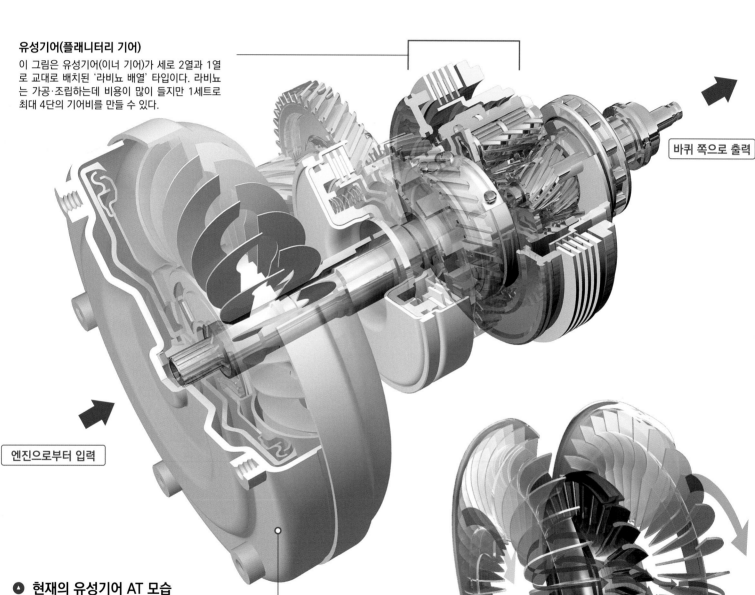

유성기어(플래니터리 기어)

이 그림은 유성기어(이너 기어)가 세로 2열과 1열로 교대로 배치된 '라비뇨 배열' 타입이다. 라비뇨는 가공·조립하는데 비용이 많이 들지만 1세트로 최대 4단의 기어비를 만들 수 있다.

바퀴 쪽으로 출력

엔진으로부터 입력

◉ 현재의 유성기어 AT 모습

엔진 출력이 토크 컨버터의 날개에 전달되면 토크 컨버터 전체가 회전하기 시작하면서 그 안쪽에 있는 유성기어 세트로 동력이 도달한다. 이 일러스트에서는 유성기어 1세트만 보이지만 원래 AT는 2~4세트를 사용한다. 여기서 기어 조합을 바꿔 MT와 마찬가지로 '기어 단'이 만들어진다.

토크 컨버터

엔진 회전은 토크 컨버터 안쪽에 있는 날개로 전달된다. 그 회전은 반대쪽 날개를 회전시켜 변속기 내부로 들어간다. 또 우측 일러스트에서 정 가운데 있는 파란 바람개비를 '스테이터'라고 하는데, 이것이 출발할 때 엔진 힘을 증폭시킨다. 출발하고 나면 스테이터는 자유로운(공회전) 상태가 된다.

유압으로 클러치/브레이크를 바꿔서 연결하는 식으로 변속한다. 연결하고 분리하는 대상은 유성기어 세트 안의 '세 가지 요소'이다. 앞 페이지에서 거기까지는 설명했다.

다음은 유성기어의 움직임이다. 앞 페이지 그림을 순서대로 살펴보겠다. 먼저 엔진 회전을 토크 컨버터가 받아 AT 내부의 유성기어로 전달한다. 그러나 이대로는 출발하지 못 한다. 아래 그림은 유성기어 구조를 그린 것이다. 어느 한 쪽 기어에 회전력을 가한다 하더라도 그대로는 전체 기어가 자유롭게 돌 뿐이다. 자동차를 움직이려면

'어느 한 쪽 기어'를 정지시켜야 한다. 멈추는 기어가 있으면 나머지 두 개 기어의 톱날에 맞는 변속비가 생긴다. 톱날이 다르면 기어의 회전 속도가 달라진다. 톱날이 적으면 적을수록 기어는 빨리 회전하고, 톱날이 많은 기어는 천천히 회전한다. 이 차이가 '기어비'이다.

유성기어 세트를 두 개 이상 사용하는 현재의 AT는 기어 단마다 '어떤 클러치/브레이크(체결요소)가 맞물리게 할 것인지'가 미리 정해져 있기 때문에 그 결정에 따라 클러치/브레이크를 조작한다. 1단 기어로 달리기 시작한 자동차가 2단으로 변속할 때는 1단 때

문에 물려 있던 체결요소의 어느 한 쪽을 분리한 다음 새롭게 다시 '어느 한 쪽' 체결요소를 맞물리게 한다.

유성기어 1세트로 전진 2단/후진 1단을 만들 수 있으므로 유성기어가 2세트라면 2×2=4단, 3세트라면 2×2×2=8단이 된다. 각각의 기어 단이 필요로 하는 기어의 기어 수가 되도록 클러치/브레이크가 물리고 빠지도록 작동하면 된다. 다만 후진은 1단이면 되므로 각 유성기어에서 후진이 1단으로만 되도록 클러치/브레이크가 전환 연결되게 할 필요가 있다. 유성기어 세트의 3가지 요소와 체결요소. 이것이 변속의 핵심이다.

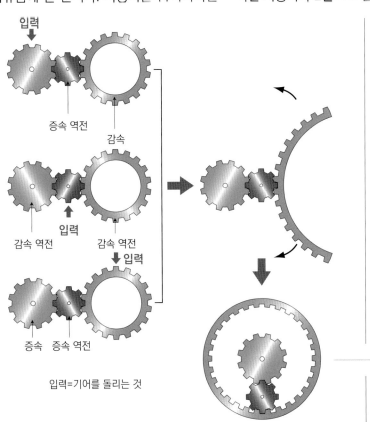

증속 역전
감속
감속 역전   감속 역전
입력
증속   증속 역전

입력=기어를 돌리는 것

🔺 유성기어 분해

유성기어 세트는 가운데에 선(태양) 기어, 그 주위로 플래닛(유성=혹성), 가장 바깥에 링 기어까지 3가지 요소로 구성되어 있다. 유성 개수는 3개 이상. 이 3개의 기어를 단순하게 일렬로 배치하면 이웃한 기어끼리는 반드시 역방향으로만 돈다. 동시에 직경이 다른 기어를 접촉시키면 가장 작은 기어의 회전수가 가장 많아진다. 그런 원리를 응용한 것이 유성기어 세트이다.

지름이 다른 3개의 기어가 있고 이것들을 그림처럼 가장 큰 기어로 감싼다면, 파란 기어는 스스로 회전(자전)하면서 노란 기어 주위를 고리 안에서 이동(공전)할 수 있다. 그리고 파란 기어끼리의 간격을 균등하게 하기 위해서 캐리어와 연결한다.

🔺 유성기어 세트의 종류

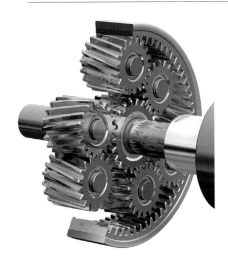

왼쪽 유성기어 그림은 플래닛(이너) 기어 2개가 1세트로, 3세트로 구성된 것이다. 플래닛의 한 쪽은 선 기어에, 다른 한 쪽은 링 기어와 접촉해 있다. 이를 바탕으로 기어 수를 바꿔가면서 모델들을 만들 수 있다.

우측 사진은 링 기어와 더블 기어인 플래닛이 교대로 배치된 라비뇨 배열 타입이다. 1개로 3~4단을 만들 수 있다. 이미 특허는 만료되었지만 제조와 조립이 어렵다. 그래서 가격이 비싸다.

Q 03

AT는 어떤 순서로 설계할까?

다양한 요건들을 균형을 맞추어 설계하기 위해서는 경험치가 중요하다.

본문 : 마키노 시게오 사진 : 세타니 마사히로 아카이브

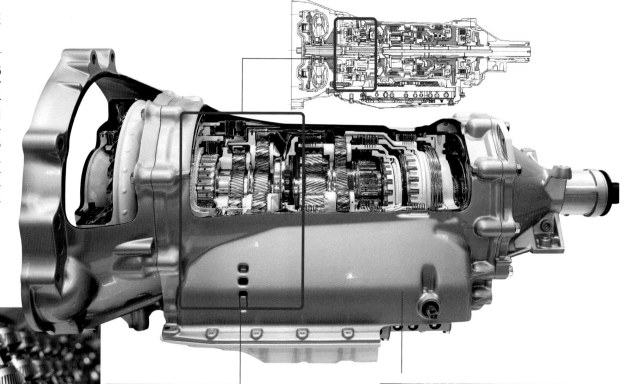

▶ 자트코 JR710E 7단 AT

우측 위에 있는 그림이 5단 AT. 이것을 바탕으로 7단 AT가 설계되었다. 사각형으로 표시한 부분이 새로운 유성기어이고, 녹색으로 칠해진 부분은 5단 AT에서 7단 AT로 그대로 옮겨갔다. 나중에 다임러나 토요타 모두 다단화하면서 같은 방법을 사용한다.

기어는 정밀하게 가공되면서도 대량으로 생산된다. 기어 스펙을 변경하지 않는 한 새로운 스텝AT의 제조·설계는 순조롭게 진행된다.

▶ 기존 부품을 최대한 활용

전체적으로 기존 부품을 최대한 사용하고, 가능하면 그 상태에서 앞으로의 발전성을 살리려고 한다. 이 7단 AT는 닛산의 하이브리드용으로 진화했다. 가장 뒤쪽에 브레이크를 배치한 설계자의 선견 때문이다. 유감스럽게 이런 설계기술은 좀처럼 전승되지 않는다.

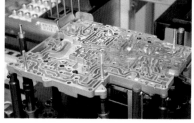

밸브 보디의 개념이 이 7단 AT로 크게 바뀌었다. 유로설계 단계에서는 일단 변속 속도를 가장 우선시하면서 모델 적합 단계에서 '부드러운 변속'이 가능하도록 해 준다.

A 자트코가 2008년에 FR용 7단 AT를 세상에 선보였을 때 MFi에서는 그에 대한 콘셉트나 설계 순서를 상세히 취재한 바 있다. 물론 그 뒤에도 새로운 AT가 나올 때마다 취재해 왔지만, 설계 순서는 '기존에 있던 방식' 같지 않은 느낌이다.

특히 기존 AT를 바탕으로 '단수를 더 늘리고 싶다'거나 '크기는 그대로 유지'하고자 하는 상황에서는 그런 요구가 더 우선시된다. JR710E도 그때까지의 5단 AT를 바탕으로 7단으로 만든 것이다. 심지어 모터를 내장함으로써 하이브리드화도 가능하게 했다.

개발 초점은 다음과 같은 것이었다. 먼저 클러치/브레이크 같은 요소들을 적게 가져간다. 이것은 외형을 크게 하지 않기 위해서이다. 7단 기어비는 그야말로 수만 가지나 되지만, 기존에 사용하는 날의 기어를 최대한 사용한다는 전제로 하면 '과거의 경험치에서 자연스럽게 우러나온다'고 한다. 그렇게 필요한 기어비가 간추려지면 마찰손실이 가장 낮을 것 같은 것을 추린다. 이때 경험이 중요하다.

이와 병행해 클러치/브레이크 수와 배치를 결정한다. JR710E는 OWC(One Way Clutch)를 갖는다. 당시에는 OWC가 필요 없다는 주장도 있었지만 자트코는 버리지 않았다. 이유는 '낮은 쪽의 OWC는 토크 용량을 확보하고 있어서 마찰재의 매수를 줄임으로써 변속 충격을 잡아내는데 유리'하다는 점 때문이었다. 다판 클러치에 비해 체적이 작아도 토크 용량을 확보할 수 있다고 한다.

클러치/브레이크를 어떻게 '물리게 하느냐'

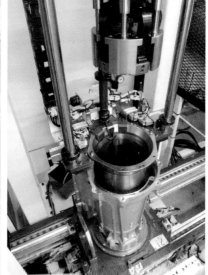

● 공장설비에 대한 대응

AT 조립은 왼쪽 사진처럼 몇 개의 원통 같은 케이스를 겹치게 해야 한다. 유성기어 세트는 안쪽으로 쏙 들어간다. 놀랍게도 케이스와의 틈새가 불과 1mm 밖에 안 된다. 질량과 외형을 갖춘 기계부품이 1mm의 틈새만 갖고 부드럽게 회전하는 것이다. 따라서 '제작 편이성'이 신뢰성의 척도가 되기도 한다. 독일의 AT공장은 수많은 기계가 배치되어 있어서 자동화로 정확도를 확보한다.

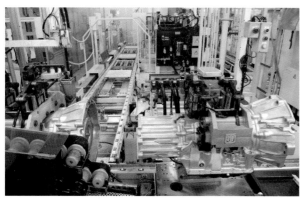

AT 케이스는 일반적으로 알루미늄 주물로 3분할되어 있다. 강성과 균형을 맞추면서 항상 중량경감을 추구한다. 용적 측면에서 보면 스텝AT는 CVT보다 훨씬 가볍다. 수지 부품도 검토되고 있다.

자트코 공장에서 마지막으로 ECU에 데이터를 설치하는 공정. 차종마다 전용 칩을 사용하는 것이 아니라 닛산 차량공장과 동기생산하기 위해서 이 방식이 채택되었다. 매우 합리적이고 유연한 발상이다.

의 설계. 변속할 때는 대개 하나는 물리게 하고 하나는 분리되도록 작동한다. 분리하는 것은 간단하지만 물리게 할 때는 충격이 발생한다. 또 변속에 따라서는 3개의 클러치를 바꿔서 물리게 하는 경우도 있는데, 이것은 '빈도가 적은 변속, 즉 7→2단으로 건너뛰는 경우'이다. 동시에 공전 클러치를 가능한 한 적게 한다. 마찰손실을 줄이기 위한 대책인 것이다.

이렇게 하면 대략적인 모습은 결정되지만 세부 설계는 매우 치밀하다. 그리고 지금 설계하는 AT를 현재의 생산라인에서 만들 것인지에 대한 검토도 필요하다. "유격을 0.5mm는 허용하고, 멤버 사이에는 반드시 1mm 둡니다. 이상하게 AT 내부가 회전할 때는 자동 조심해 줍니다. 반대로 베어링에서 딱딱거리면서 누르면 베어링이 부하를 받기 때문에 어딘가를 메탈 부시로 보완해 줍니다. 부시 같으면 1만rpm도 괜찮죠. 설계요건과 제조요건을 대조해가면서 설계가 진행됩니다."라고 한다.

"사실 유성기어 제조도 어렵긴 합니다. 주행 중에는 이너 기어의 회전이 7000rpm이나 되니까요. 게다가 흔들리면서 멋대로 돌죠. 흔들리지 않으면 장착이 안 되니까 최종적으로 흔들림을 어디서 흡수하느냐를 생각하게 되는데, 이것도 경험에서 우러나오게 됩니다."

자트코는 유성기어 세트도 설계한다. 여기에도 많은 노하우가 있다. 예를 들면 유성기어에 들어가는 베어링 같은 것이다. "플래니터리 캐리어에는 니들과 스러스트 니들들을 사용하는데, 평소대로 주문했다가는 균일하게 접촉하지 않게 되죠. 우리는 전용으로 주문하는 스펙을 갖고 있습니다."라고 한다. 마찬가지로 유성기어 세트 전체 강성은 '캐리어 부분의 지주로 결정'되기 때문에 가능한 굵은 지주를 사용할 수 있는 기어로 배치해 왔다. 그래서 이너 기어가 4개가 아니라 3개가 된 것이다.

"제조요건이 정리되면 그 다음은 세세한 튜닝으로 들어가죠. 이 7단을 개발할 때는 '뻗기'와 '순간 응답성'을 키워드로 삼았습니다. 액셀러레이터 페달을 천천히 밟아도 토크가 급격

히 올라가는 느낌이 뻗기입니다. 세게 밟지 않아도 액셀러레이터를 밟는 양에 맞춰서 토크가 쭉 올라가 확실히 반응하는 것이죠. 한편 순간응답성은 변속 속도의 빠르기를 말합니다. 당시 세계에서 가장 빨랐던 변속은 ZF의 8단이었습니다. 이것을 넘어서야 한다. 액셀러레이터를 밟을 때의 다운 시프트에서도 충격이 발생해도 괜찮다고 결론 내리고는 심플한 제어를 통해 순간 응답성을 얻었죠." 자트코는 이 7단 전의 5단 시대에 모든 클러치의 체결과 분리를 솔레노이드 직동방식으로 만들었다. 7단 AT에서 이 점을 더 확실하게 한 것이다.

예전 10년 정도의 AT개발자 인터뷰를 하면서 메모한 것을 찾아보면 일본 제품은 균형을 중시했음을 알 수 있다. 가격, 성능, 제작 용이성이 균형을 잡고 있다. 독일 제품은 성능제일주의. 만들기 어렵더라도 성능을 추구하고 그 다음은 가격을 차량가격에 녹여내면 된다는 발상이다. AT에는 국적이 반영되어 있는 것이다.

AT 안은 오일로 가득하다는데, 과연 사실일까?

Q 04

토크 컨버터나 변속동작, 윤활도 같은 오일로.

본문 : 마키노 시게오　사진 : 구마가이 도시나오/자트코/MFi

◉ 밸브 보디

AT 내부에서 클러치/브레이크 교체 연결을 하기 위해서 유압을 보내는 밸브 보디의 내부. 상당히 오래 된 설계의 ZF 4HP 타입의 AT이지만 구조는 지금과 차이가 없다. 통상적으로 밸브 보디는 2단 구조로 되어 있어서 위아래를 연결하는 오일 통로가 있다. 오일 통로가 복잡한 이유는 기어가 몇 단이든 상관없이 변속시간이 똑같게 하기 위해서 유로 길이를 맞추다 보니 그렇게 된 것이다.

우측 사진의 AT는 현재의 아이신AW 제품. 오일 통로를 열고 닫는 스풀 밸브(spool valve)가 유로와 같은 위치에 왔을 때 오일이 흐르도록 되어 있다. 내보내는 오일 양으로 밸브 지름과 비어 있는 시간이 정해진다.

'기어는 오일 범벅'이 아니다.

A AT를 분해해 보면 왼쪽 사진처럼 둥근 부품이라는 것을 알 수 있다. 유성기어 세트나 클러치/브레이크의 마찰재 모두 다 둥글다. 그리고 많은 기어가 들어가 있다. 다만 모든 기어가 항상 동력을 전달하는 것은 아니고 클러치/브레이크 조작에 의해 선택된 기어만 회전한다. 기어끼리 서로 맞물리면 반드시 마찰 손실이 발생한다. 기어 종류에 따라서 손실 정도가 다르기는 하지만, AT 내부에서 사용되는 헬리컬 기어(나선 기어, 비스듬하게 기어가 나 있다)는 한 쌍이 맞물려 있는데 1% 정도의 손실이 생긴다. 이 손실 정도는 윤활 상태에 따라서도 달라진다. AT 내부의 기어는 항상 오일에 젖어서 움직인다. 하지만 오일 양은 점점 줄어든다. 필요 최소한의 윤활을 하면서 윤활로 인해 발생하는 손실을 방지하려고 한다. 예전처럼 오일 범벅은 아니다. 또한 AT 내부에서는 토크 컨버터나 클러치/브레이크 작동, 윤활 모두 같은 오일로 이루어진다. 바로 AT액(fluid)이다. 작동유와 윤활유를 겸하는 오일을 메인터넌스 프리 차원에서 사용하는 것이다. '추가 주입'은 금물이다.

변속작업은 유압으로 이루어진다.

유압 펌프~밸브 보디~유압 클러치/브레이크

유성기어와 같은 축에 있는 오일펌프가 유압을 만든 다음에는 오일라인(배관)을 통해 밸브보디로 간다. 밸브보디 안에서는 솔레노이드 밸브가 움직여 필요한 유로가 만들어져 체결요소(클러치/브레이크)를 작동시킨다. 이 작업을 끝내고 압력이 떨어진 오일은 다시 오일펌프에 의해 압력이 높아진 다음 AT 안을 순환한다. 이 변속동작을 하는 것이 AT액(fluid)로서, 이 플루이드는 작동유인 동시에 윤활유이기도 하다. 유압회로는 각각 록업 클러치용, 토크 컨버터용, 유성기어 변속용, 윤활용으로 회로를 나누어서 설계하는 것이 일반적이다. 또 최근에는 AT플루이드의 첨가제가 AT마다 최적으로 설계되고 있다. 덧붙이자면 오일 수명은 '온도가 10도 상승하면 반으로 줄어든다'고 한다.

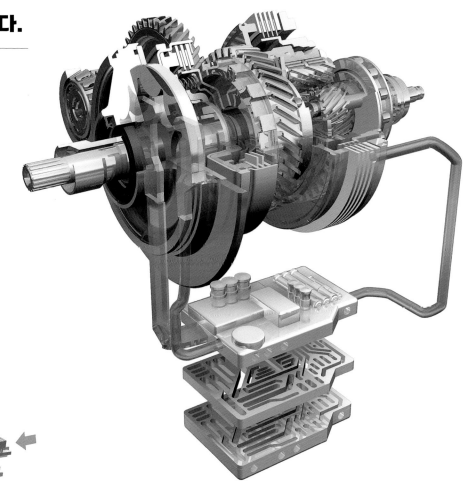

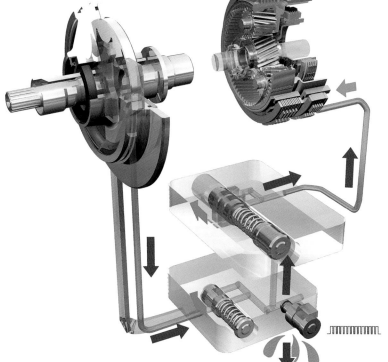

◉ 유압 솔레노이드 OFF

클러치/브레이크 작동을 멈추게 할 때는 스풀 밸브부터 클러치/브레이크까지의 유로 내에 걸려 있던 압력을 낮춘다. 이 '낮추는' 쪽도 미로 같은 유로 설계에 따라 기본적인 응답성이 결정된다. 유압이 통상적인 라인 압력으로 회복되면 클러치/브레이크는 떨어진다. 또 정확한 유압을 순간적으로 만들어내기 위해서는 솔레노이드 자체의 뛰어난 반응과 신속한 작동성이 필요하다. 현재의 솔레노이드는 동작이 정확하고 내구성이 뛰어나다.

◉ 유압 솔레노이드 ON

클러치/브레이크를 작동시킬 때는 먼저 AT 제어 컴퓨터가 지시를 내린다. 그에 따라 전류가 솔레노이드로 흐르고 필요한 양만큼 스풀 밸브를 움직인다. 이 움직임에 의해 오일(AT플루이드)이 클러치/브레이크로 흘러들어 마찰재를 '움켜 잡는' 동작이 이루어진다. 오일은 비압축성 액체로서, 내경이 일정한 관에 넣었을 경우 한 쪽을 누르면 시간차 없이 반대쪽으로 밀려나온다. 즉, 유동적이지 않은 직선적인 유로를 설계하면 변속 속도를 높일 수 있다.

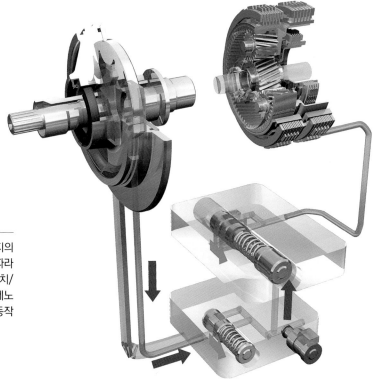

Q 05

앞으로 11단 이상의 AT가 등장할 가능성은?

단수가 많기 때문에 뛰어난 것이 아니라 필요에 의해 단수를 늘려온 것이다.

본문 : 마키노 시게오 사진 : 토요타/다임러/GM

▶ 토요타/아이신AW의 10단 AT

어떤 기어이든지 간에 클러치/브레이크는 3개가 체결된다. 직결 기어는 7단인데, 여기서 기어가 내려갈 때는 반드시 6단을 거친다. 7→6→2로는 변속이 되지만 7→5는 안 된다. 반드시 순간적으로라도 6단 기어에 들어갔다가 시프트 다운되는 것이다. 시프트 업 쪽은 2→9/3→10이 가능한데, 일본의 교통사정을 감안해서 설계한 것이다. 기존의 8단과 가장 큰 차이점은 전단(AT 내 앞쪽)의 라비뇨 유성기어에서 증속까지 한다는 점이다. 후단 유성기어의 회전차이를 억제한다.

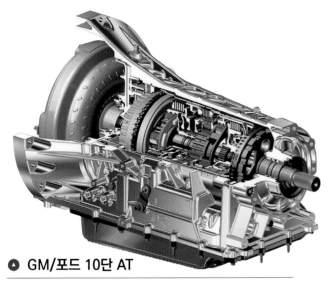

◢ GM/포드 10단 AT

GM과 포드는 4유성/4클러치/2브레이크로 구성된 10단 AT를 공동 개발하는 데까지는 이르렀으나 기어비 건너뛰기도 다르고 시프트 프로그램도 다른 제품으로 마무리했다. 포드는 7단 직결에서 업/다운 모두 건너뛰기가 가능하지만 GM은 토요타와 마찬가지로 다운할 때는 7→6단을 거쳐야 한다. 유성기어의 회전차이도 포드 쪽이 약간 크다.

◐ 다임러 9단 AT

다임러의 9단 AT를 보는 일본의 변속기 엔지니어 평가는 "구현하고 싶은 성능을 앞세워 제조현장 사정은 전혀 고려하지 않았다"는 입장이다. 커버비율은 9.16이다. 1단 기어가 5.503:1나 될 정도로 초(超) 저 기어라는 점도 놀랍다. 같은 독일의 ZF 8단 AT는 커버비율이 7.81이다. 추가하자면 ZF는 FF용 9단 AT를 갖고 있다.

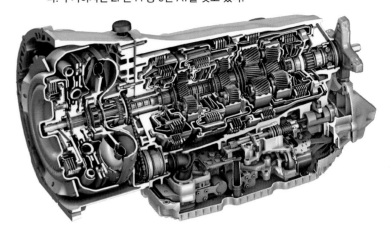

■ 변속 리듬 비교

↑엔진회전수

Direct Shift-10AT　8단 AT

Direct Shift 10AT　2nd　3rd　4th　5th

8단 AT와 비교해 일정한 간격으로 변속

8단 AT

시간 →

◑ 가능한 한 각 단을 짧게 사용한다.

토요타가 렉서스 LC의 변속 감각을 설명한 그림. 10단에서 가속도 감각에 리듬을 주면서도 각 기어단에서의 가속시간을 맞추고 있다. 렉서스 LS에도 탑재되는 장치로서 세련된 방향을 지향했던 것 같다. 액셀러레이터 페달을 최대로 밟았을 때의 가속이 날카로운 편이어서 독일에서는 250km/h까지 순식간에 치고나간다고 한다.

평탄한 도로에서 자동차의 최고 순항속도는 엔진 회전상한과 최종적인 파워트레인 전체의 기어비, 타이어 직경(트레드 외주길이)으로 결정된다. MT와 스텝AT 같은 경우는 각 기어단의 기어비가 결정되어 있기 때문에, 최상위 기어(가장 기어비가 작은 기어)로 엔진이 최고 회전할 때 디퍼렌셜을 통과한 출력회전수로 1분 동안에 타이어가 도로를 굴러가는 거리가 몇 미터인지 쉽게 계산할 수 있다. 그것을 60배 하면 최고속도가 된다. 따라서 최고속도를 높이고 싶으면 엔진 회전수를 더 높여서 최상위 기어비를 작게 하면 된다(실제로는 공력과 노면마찰이라는 두 가지 주행저항에 대해서도 고려할 필요가 있다).

그러나 운전편이성(Drivability)은 그것만으로는 결정되지 않는다. 다른 글에서 언급했듯이 기어단 사이를 어떻게 연결하느냐가 '주행'을 좌우한다. 스텝(단 사이)비이다. 흔히들 "크로스비율이 좋다"고 언급되는 것

은 기어단 마다 기어비 차이를 작게 함으로써 가속~감속~가속이라고 하는 리듬에 엔진 토크를 잘 태우기 위해서이다. 하지만 모든 기어단을 크로스(접근)시키면 변속조작이 어려워진다. MT에서는 변속 레버를 앞뒤(변속 방향)/좌우(선택 방향)로 움직이는데 기껏해야 7단이 조작상 한계인 동시에 MT의 구조상 한계이기도 하다. 따라서 7단을 사용해 어떤 스텝비를 만드느냐, 최고속도를 어디로 설정하느냐가 드라이브트레인 설계의 주안점이라 할 수 있다.

또 한 가지, 커버비율(Ratio Coverage)이 있다. 이것은 출발할 때 사용하는 최하위 기어비와 연비를 절약할 수 있는 오버 드라이브(기어비 1.000 이하) 쪽의 최상위 기어비의 비율이다. '최하위 ÷ 최상위'인 것이다. 연비나 가속성능, 산안도로처럼 오르내리막이 있어서 주행저항이 수시로 바뀌는 도로에서의 '기분 좋은 변속'까지 추구한 결과, 운전자가 아니라 기계가 변속하는 스텝AT는 그 단수가 점점 늘어났다.

이런 배경에는 '건너뛰기 제어'의 실현과 자유도의 확장이 있었다. 출발 후에 1→2→3→4단 식으로 순서대로 변속하는 것이 아니라 조건이 갖춰지면 적극적으로 '건너뛰기' 변속을 한다. 이렇게 해도 변속 충격이 발생하지 않도록 엔진과의 협조제어를 정밀하게 한다. 동시에 클러치/브레이크의 교체 연결은 신속하게 한다. 이런 개선을 바탕으로 현재는 '단번에 7단 건너뛰기' 같은 변속도 가능하다. 순서대로 변속하게 되면 운전자가 시프트 비지(변속 횟수가 많아서 정신이 없음)를 느낀다. 이것으로부터 해방되면서 실제로는 10단 AT가 5단 AT같은 변속 횟수로 바뀐 것이다.

과연 11단 AT가 필요할까. 현재 시점에서는 "계획 없음"이 일반적인 분위기인 것 같다. 앞으로 전동모터와 세트가 된 변속기로 바뀌기 때문일까. 아니면 단 사이의 비율은 이 정도로 충분하다는 판단 때문일까. 아니면 드러내지만 않고 있는지도….

Q 06

감속비를 연속적으로 변화시킨다는 CVT는 어떤 구조로 변속할까?

홈 폭을 가변식으로 하는 풀리와 거기에 감기는 벨트(체인) 위치가 포인트이다.

본문 : 다카하시 잇페이　사진 : 구마가이 도시나오/닛산

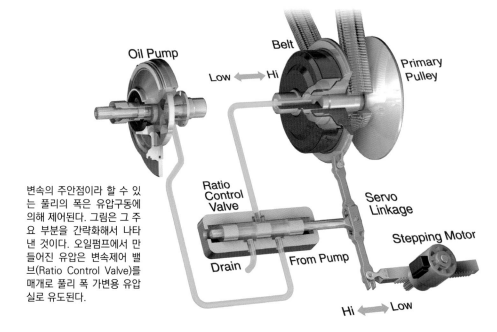

Oil Pump

Low ← → Hi

Belt

Primary Pulley

Ratio Control Valve

Servo Linkage

Stepping Motor

Drain　From Pump

Hi ← → Low

변속의 주안점이라 할 수 있는 풀리의 폭은 유압구동에 의해 제어된다. 그림은 그 주요 부분을 간략화해서 나타낸 것이다. 오일펌프에서 만들어진 유압은 변속제어 밸브(Ratio Control Valve)를 매개로 풀리 폭 가변용 유압실로 유도된다.

A CVT는 벨트에 의해 연결되는 풀리 두 개(이 세트를 바리에이터라도 부른다)를 이용해 변속이 이루어진다. 물론 단순한 벨트로 연결된 풀리 세트만으로는 감속비는 고정될 수밖에 없다. 풀리를 이용한 벨트 드라이브 같은 경우, 감속비를 결정하는 것은 풀리 두 개의 지름 비율이다. CVT에서는 이 풀리 지름 부분에 가변요소를 주어 연속적으로 풀리 지름을 변화시키는 방식으로 변속한다.

그렇다면 어떻게 풀리 직경에 가변요소를 갖게 할까. 사실은 이 부분이 흥미로운 대목이다. 결론부터 말하자면 직경은 바뀌지 않고 바꿀 수도 없다. 바뀌는 것은 벨트가 감기는 풀리의 홈과 그 폭이다. 풀리와 양쪽 끝에서 접촉하는 벨

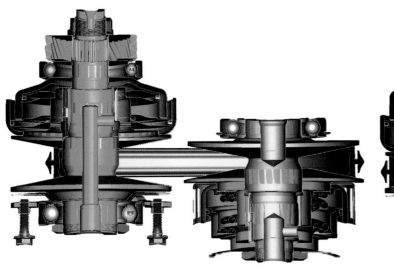

LOW GEARED
저속(감속비:낮음)

HIGH GEARED
고속(감속비:높음)

풀리 세트를 위쪽에서 단면으로 포착한 모습. 왼쪽 풀리가 엔진 구동력이 가장 먼저 입력되는 쪽(primary)이고 그 위로 토크 컨버터와 엔진이 연결된다. 이 그림은 프라이머리 쪽 풀리에서 벨트가 감기는 지름이 작고 우측의 세컨더리 쪽이 큰 최대 감속상태이다.

이 그림은 프라이머리 쪽의 폭이 좁아서 벨트가 감기는 지름이 커지고, 세컨더리 쪽에서 폭이 넓어져 벨트가 감기는 지름이 작아진, 출력에 대해 회전이 증속되고 있는 상태이다. 프라이머리 쪽은 위, 세컨더리 쪽에서는 아래 풀리가 가동된다. 각각 반대쪽 풀리는 고정방식으로 되어 있다.

트는 홈 폭을 넓히면 홈 바닥 깊숙이 들어가고, 홈을 좁히면 풀리의 바깥 쪽에 걸린다. 즉 벨트가 풀리에 걸리는 위치가 풀리의 홈 폭에 따라 달라지는 형태로 바뀌는 것이다. 풀리에 대해 벨트가 걸리는 부분의 지름, 요는 사실상의 유효지름이 변화하는 것이다. 덧붙이자면 이 벨트가 걸리면서 만드는 직경을 '감김 지름'이라고 부른다.

풀리 폭을 바꾸는 원리는 간단하다. 마치 심벌즈를 서로 반대되게 해서 연결한 형태의 좌우분할 방식 풀리를 축 상태로 돌리는 것이다. 풀리 한 쪽만 움직이기 때문에 가동하는 쪽을 슬라이드 풀리, 움직이지 않고 고정된 쪽을 픽스드 풀리라고 부른다. CVT

내에 배치된 두 개의 풀리는 양쪽 모두 이 세트(슬라이드 풀리와 픽스드 풀리)를 갖는다. 슬라이드 작동은 유압으로 이루어지는 구조를 하고 있는데, 액추에이터로서 슬라이드 풀리 안쪽에 유압실이 있다.

이 유압을 제어하는 것은 앞 페이지에서 설명한 시스템이다. 이 시스템은 엔진에서 만들어진 토크가 가장 먼저 입력되는 쪽 풀리(그 슬라이드 풀리)를 구동하는 부분을 간략화한 것으로, 실제는 훨씬 복잡하지만 풀리의 홈 폭 제어만 한정해서 나타내면 이런 형태로 이루어진다. 그림을 봐도 알 수 있지만 요는 변속기 ECU에서 나오는 제어신호에 의해 움직이는 스테핑 모터의 토크

를 증폭하기 위한 유압 서보 장치이다.

슬라이드 풀리의 구동과 엔진 토크가 걸렸을 때의 유지, 나아가서 금속제품의 벨트를 역시나 금속제품인 풀리에서 미끄러지지 않도록 "잡아주기"위한 토크(클램프 토크)를 확보하기 위해서는 그만큼 큰 힘이 필요하다는 의미이다. 이 부분(슬라이드 풀리의 구동)이 아직까지도 전동화가 되지 않고 있다는 사실로부터도 요구되는 에너지가 얼마나 큰지 짐작할 수 있다. 근래에는 유압을 세밀하게 제어함으로써 오일펌프에 의한 구동손실 억제를 연구하기도 하지만, 그래도 유압을 크게 만들어내기 위한 에너지 관리는 CVT 개선의 주요 테마이다.

▶ 리버스 기어는 어떻게 되어 있을까?

풀리와 벨트로 구성되는 변속장치에서는 무단계 변속이 가능해도 리버스 기어, 즉 역회전은 안 된다. 그래서 CVT에서는 같은 축 상에서 역회전을 만들어 낼 수 있는 유성기어를 이용한다. 자트코의 CVT7에서는 이것을 라비뇨 유성기어라고 함으로써 통해 서브 변속기로서의 기능을 추가했다.

Q 07 체인방식 CVT와 벨트방식 CVT, 각각의 차이와 특징은?

체인과 벨트는 비슷하면서도 다르다.
풀리와 접촉하는 부위나 동력전달 방법 모두 다르다.

본문 : 다카하시 잇페이 사진 : 마키노 시게오/야마가미 히로야 그림 : 아우디

CHAIN
체인

↓ 가장 큰 특징이라고 할 수 있는 것이 핀 부분이다. 2개 1세트로 되어 있어서 풀리 안쪽의 경사와 각도를 맞출 수 있도록 핀 단면이 비스듬하게 만들어진다. 체인에서는 핀 단면이 풀리와 접촉하는 부분으로, 이곳을 매개로 구동력을 전달한다.

← 자전거나 이륜차의 구동시스템에 이용되는 보통 체인과 똑같이 금속제품으로 된 코마를 핀으로 연결한 형태이다. 스프로킷을 이용하지 않고 풀리와 조합해서 사용하기 때문에 코마가 가로 폭의 최대까지 적층된다.

A CVT에서는 거의가 금속제품의 벨트를 사용하지만 개중에는 체인을 사용하는 것도 있다. 홈 폭을 가변식으로 한 풀리 세트를 이용함으로써 벨트(체인)가 감는 지름의 변화를 통해 변속한다는 원리와 장치에 있어서는 양쪽 모두 똑같기 때문에 별 차이가 없는 것처럼 보이기도 하지만, 여기에는 비슷하면서도 다른 점도 있다.

먼저 토크(동력)전달 방법이다. 일반적으로 많이 사용하는 고무벨트와 풀리 조합에서는 "당기는" 방향으로 토크를 전달하지만, CVT에서 이용되는 금속제품 벨트는 당기는 것이 아니라 미는 방향으로 토크를 전달한다. 이에 반해 체인은 고무벨트와 마찬가지로 당기는 방향으로 토크를 전달한다.

그리고 벨트는 엘리먼트(코마) 양쪽 끝에서 풀리와 접촉하지만 체인은 코마를 연결해 주는 핀이 풀리와 접촉하고 구동력을 전달한다. 벨트는 엘리먼트 양쪽 끝이 풀리 사이에서 형성하는 선 형상의 접촉부분이 연속적으로 이어진다. 하지만 체인은 핀 끝부분에 의한 단발적인 점접촉을 한다.

CVT 성능을 확보하는데 중요한 의미를 갖는 최소 감기지름(풀리에 가장 작게 감았

BELT
벨트

↓ 엘리먼트를 확대한 모습(3개가 겹친 상태). 위쪽에는 엘리먼트가 정렬하는 것을 돕고, 눌렸을 때의 일탈을 방지하기 위해서 딤플이라고 불리는 돌기가 나 있다. 안쪽으로는 돌기가 고정되도록 홈이 나 있다.

↑ CVT 벨트는 마레이징 강철의 얇은 판을 적층한 링 2개와 엘리먼트로 불리는 코마 수 백개로 구성된다. 위 사진은 구조를 쉽게 알 수 있도록 중간 엘리먼트 사이를 뺀 모습으로, 실제로는 엘리먼트가 틈새 없이 빽빽하게 배치된다.

● 보쉬의 새로운 벨트 "싱글 룹셋 벨트"
(single loopset belt)

금속으로만 된 벨트를 만들기 어려운 측면도 있고 해서 CVT 벨트는 등장 이래 그 모습이 전혀 바뀌지 않았다. 보쉬는 기본구조까지 감안한 새로운 CVT 벨트를 제안한다. 링 부품이 한 세트로만 되어 있어서 구조적으로 링이 탈락하기 어려울 뿐만 아니라 풀리의 외주 끝부분까지 사용할 수 있다고 한다.

을 때의 지름)의 단축에 있어서는 벨트보다 체인 쪽이 유리하다. 그밖에도 전달효율 등과 같이 체인이 벨트보다 뛰어난 부분이 많기는 하지만, 소리 크기나 비용적인 측면 때문에 벨트가 압도적으로 다수를 차지한다.

전부 다 장점만 가질 수는 없다는 것이 기술 세계에서는 상식이지만, 그 배경에 있는 것은 CVT용으로 오랜 세월동안 갈고닦아온 벨트의 역사이다.

CVT에 자동차 용도의 길을 열어준 계기는 금속벨트의 등장 때문이라고 보면 된다. 얇은

금속을 적층한 링으로 엘리먼트라고 하는 작은 코마를 엮기만 한 심플한 구조이면서도 고무처럼 탄력성을 갖고 있어서 자동차 용도로 쓰기에 충분한 강도와 내구성을 갖추게 된 것이다. 금속의 이미지를 뛰어넘은 이러한 성질은 재료의 세밀한 결함까지 보완해 온 지난한 기술개발의 결과라고 할 수 있다. 핵심은 링 부분에 사용되는 마레이징(maraging) 강철의 취급방법이다. 근래에는 새로운 제품도 등장하고 있으나 지금까지의 벨트를 대신할 정도의 제품은 아직 나타날 것 같지 않다.

Q 08 앞으로는 MT도 스텝 AT처럼 다단화가 진행될까?

MT의 다단화에는 대형화라는 숙명이 따른다.
3개 이상의 게이트가 있어야 하는 시프트 패턴은 극복해야 할 과제이다.

본문 : 다카하시 잇페이 사진&그림 : MFi/ZF 취재협력 : 아이신AI

A 플래니터리 기어를 어떻게 조합하느냐와 사용방법에 따라 "곱셈" 정도로 단수가 늘어나는 스텝AT와 달리, 단수와 기어 세트 수가 1대 1인 MT는 다단화를 하게 되면 기어 세트가 동시에 증가한다. 한 단의 다단화가 진행될 때마다 기어 세트를 구성하는 2개의 기어와 싱크로 장치 등과 같은 변속용 메커니즘 부품이 늘어나기 때문에 대형화, 즉 중량증가를 불러오는 것이다. 다

단화를 하는 현재의 주요 목적인 연비절약과는 모순되는 결과인 셈이다. 이것은 MT에서 파생된 자동변속기인 AMT나 DCT에서도 동일한 문제로서, 이들 장치에서 스텝AT 정도만큼 다단화가 진행되지 않은 이유도 그 때문이지만, MT에는 또 한 가지 이유가 있다. 그것은 H형태를 바탕으로 하는 변속 패턴이다.

변속 레버는 기어가 들어가지 않은 상태에서 손을 떼면 스스로 중립위치로 돌아간다. 말할 필요도 없이 이것이 중립 위치로서, 이런 작용은 변속 장치 내부에 들어 있는 스프링 장치에 의해 일어난다. 운전자가

변속 레버를 조작할 때 이용하는 것은 이 중립상태와 레버를 좌측 끝으로 조작한 상태, 그리고 반대인 우측으로 조작하는 상태 3가지뿐이다. 각각의 상태에서 레버를 앞뒤로 움직이는 것이 변속 레버조작의 기본인데, 이 조작방법에 대응할 수 있는 것은 3게이트(※)인 H패턴까지(※레버를 앞뒤로 움직이는 세로방향 패턴이 게이트. 3게이트의 경우 정확하게는 H가 아니라 '王(왕)'자를 옆으로 뉘인 것 같은 패턴이다)이다.

MT에서 운전자가 변속 레버를 잡은 손을 쳐다보지 않고 손으로 전해지는 감각만으로

● MT에서는 단수와 기어 세트 수가 1대 1 관계

↑ 6단MT의 변속 레버에 설치된 변속 패턴. 1단-2단, 3단-4단, 5단-6단을 각각 연결하는 세로 라인이 3개 배열된 "3게이트" H패턴이다. 한 개의 변속 레버로만 조작하는 MT는 이 3게이트가 현실적으로 상한이라고 할 수 있다. 다단화를 막는 근본적인 원인이 여기에 있다.

→ 아이신AI 제품의 가로배치 6단 MT(BG6형). 3축 구조로 되어 있다. 사진 중앙으로 1단부터 4단까지의 기어가 배치되어 있고, 그 아래 우측으로 5단, 6단과 리버스(후진)용 기어가 보인다. 앞으로 크게 나 온 기어가 디퍼렌셜의 링 기어.

● 복잡한 변속 장치를 사용하는 포르쉐의 7단MT

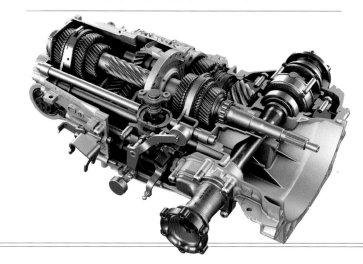

포르쉐 911(991형) DCT를 바탕으로 한 7단 MT. DCT를 전제로 만들어진 변속장치를 직접 레버로 조작하게 되면 기어단이 순서대로 배치되는 패턴이 되지 않기 때문에 '메코사(MeCoSa)'라고 하는 복잡한 장치로 패턴을 변환한다. 구조적으로 7단 게이트로 잘못 들어가는 것을 방지하도록 되어 있다.

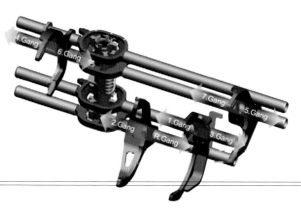

조작하는 이상, 중립과 좌측 끝 그리고 우측 끝 3가지 이외에 게이트를 더 만드는 것은 현실적이지 않다. 설령 늘어난 게이트에 넣을 때의 감촉을 클릭감이나 저항감으로 차별화했다고 하더라도, 변속 레버의 중립위치 이외에 만들어진 복수의 게이트를 다른 운전조작까지 하는 주행 중에 확신을 갖고 순간적으로 구별하기는 곤란하리라는 사실은 미루어 짐작할 수 있다.

3가지 게이트로 할당할 수 있는 단수는 6개로, 이것이야 말로 현재의 MT에서 6단이 사실상의 상한선이라는 사실의 근본적인 이유이다. 물론 다단화를 통해 조작이 번잡해지는 것 말고도 모두에서 언급한 대형화와 그로 인한 중량증가 같은 기술적 문제도 있다. 하지만 오히려 MT의 다단화에 있어서의 장애물은 이런 사실들이 더 많이 언급되

기도 하지만 그 이전의 근본적인 문제는 변속 레버가 그리는 H패턴에 있어서의 "3(게이트)"라고 하는 상한치의 존재인 것이다.

사실은 트럭 등에서는 7단 이상의 MT가 존재하기도 한다. 하지만 이런 단수는 1단 또는 2단 같은 저속 기어를 화물을 적재할 때, 경사길 출발용인 초저단으로 설정한 것이지 통상적인 주행에서는 거의 사용하지 않는다. 중형 트럭 등에 많은 7단MT를 예로 들자면(8단MT는 트레일러 헤드 등과 같은 대형차량용에 많다), 2~7단까지 6단으로 된 3게이트의 H패턴을 바탕으로 하고, 초저단인 1단은 리버스(후진 기어)와 마찬가지로 의식적으로 필요할 때만 사용하도록 3게이트 바깥에 설정함으로써 "넣기 어려운" 형태로 되어 있다. 변속 레버에서 손을 떼었을 때의 중립위치는 2~7단이 할당되는 3게이트의 중

심(4단과 5단의 중간위치)이다. 물론 무의식적으로 레버가 1단 게이트 위치로 들어가지 않도록 조작할 수 있는 힘에 차이를 두는 등의 방법을 통해 2단/3단 게이트가 사실상의 좌측 끝이 되도록 하고 있다.

포르쉐911(991형)이나 쉐보레 콜벳(C7형), 애스턴 마틴 V12 빈티지S에 탑재되어 있는 7단MT도 변속 패턴 구성에 대한 개념은 앞의 내용과 똑같지만, 한 가지 "의식적으로 넣기 어려운 기어 단"의 존재방식이 다르다. 911이나 콜벳은 7단을 고속으로 순항할 때 연비를 절약하기 위한 오버 드라이브로 설정해 5단과 6단에 넣고 나서가 아니면 다음(7단) 게이트로 진행되지 않는다. 그리고 V12 빈티지S는 1단이 특별 기어로 설정되어 3게이트 밖에 위치해 있다. 이처럼 7단이라 하더라도 기본적으로는 어디까지나 3게이트인 H패턴이라고 할 수 있다.

● MT의 파생모델, AMT/DCT란

스즈키의 AMT 'AGS' (좌) DHK ZF제품 DCT(우). 동력전달 방법과 변속에 이용되는 장치는 양쪽 다 MT와 공통이다. 두 가지의 가장 큰 차이점은 클러치 세트 개수이다.

뛰어난 전달효율과 직관적인 감각을 자랑하는 MT의 장점을 그대로 자동변속기에 적용한 것이 AMT와 DCT이다. 둘 다 동력전달 방법과 변속에 이용되는 장치 등, 기본적인 기계요소가 MT와 똑같기 때문에 MT 제조설비로도 생산이 가능하다는 장점이 있다. DCT는 본문에서 기술한 변속 조작 문제와 관계가 없을 뿐만 아니라 AMT처럼 토크가 단절되는 문제도 없기 때문에 다단화에 대한 장벽은 크기와 무게 정도이다. 최근에는 8단도 등장하고 있다.

Q
09

MT는 감속비가 다른 기어 세트를 어떻게 전환(변속)할까?

MT의 변속동작에 있어서 주안점은 싱크로 장치의 작용이다.
변속 감각에 있어서도 중요한 역할을 한다.

본문 : 다카하시 잇페이　사진&그림 : 아이신AI/MFi　취재협력 : 아이신AI

더블 콘 싱크로

트리플 콘 싱크로

싱글 콘 싱크로

← 싱크로 장치의 역할인 회전 동기의 요체라고 할 수 있는 것이 싱크로나이저 링과 기어 사이에 들어가는 싱크로 콘이라고 하는 원추 모양의 클러치이다. 우측 사진에서 맨 오른쪽은 페이싱이 한 세트만 들어간 싱글, 왼쪽 위가 2세트가 들어간 더블, 아래가 주로 저속 기어의 기어 세트에 이용되는 트리플 콘 싱크로이다. 고속 기어 쪽은 페이징 부품이 적어지는 경향을 보인다.

◉ 싱크로 메시 부품의 구성

기어　싱크로나이저 링　허브　슬리브

키

◉ 변속의 핵심이라 할 수 있는 싱크로 장치의 작용

1 중립 상태

슬리브가 중립 위치에 있는 뉴트럴(Neutral) 상태. 변속 조작(변속 레버를 앞 또는 뒤로 움직이는 조작)으로 인해 변속 포크가 움직이면 그에 따라 슬리브도 움직인다. 허브(얇은 회색 부분)는 샤프트에 고정되어 있고, 기어(황색 부분)는 베어링을 매개로 해서 자유로운 상태를 하고 있다.

2 인덱스 작동

슬리브가 움직이기 시작하면 연동되는 형태로 기어 방향으로 같이 움직이는 키(진한 회색 부분)가 싱크로나이저 링(녹색 부분)에 접속하면서 기어로 (가볍게)밀어붙인다. 이로 인해 싱크로 콘에서 마찰력이 발생. 싱크로나이저 링이 화살표 방향으로 밀리면서 허브와의 사이 (원둘레 방향)의 간격을 좁히면서 자리를 잡는다. 이것을 인덱스(Index)라고 부른다.

3 싱크로에 의한 회전동기(同期)

인덱스로 인해 챔퍼(싱크로나이저 링의 돌기)가 소정의 위치에 자리를 잡으면 그곳으로 스프링의 스플라인 끝이 접촉하고, 싱크로나이저 링이 기어 쪽 싱크로 콘에 강하게 밀리면서 마찰력이 높아지는 식으로 본격적인 회전이 동기화된다. 회전이 완전 동기화될 때까지 스플라인 끝은 그 이상 앞으로 나가지 못 한다.

4 회전동기 완료

모든 부분의 회전이 완전히 동기화되면 싱크로나이저 링이 자유롭게 움직일 수 있도록 뾰족하게 생긴 스플라인 끝이 챔퍼를 밀어붙여 슬리브가 기어 방향으로 더 움직인다. 이렇게 밀어붙일 때 발생하는 저항 토크가 기어가 들어가기 직전의 감각을 만든다. 중요한 점은 챔퍼와 스플라인 위치관계나 형상이다.

5 슬리브가 기어 쪽으로

슬리브의 스플라인이 기어 쪽 스플라인에 도달. 양쪽의 위치관계는 특별히 제어 받지 않기 때문에 부드럽게 맞물리는 경우가 있는가 하면 서로 밀어내는 경우도 있지만, 슬리브와 허브 및 기어 등 모든 것이 동기화되어 상대속도 제로인 이 상태에서는 기어도 자유롭게 움직이기 때문에 어떤 경우든지 간에 미끄러지듯이 맞물린다.

6 체결종료

슬리브의 스플라인, 기어 쪽 스플라인이 서로 맞물려 변속 작동이 완료된 상태. 허브와 기어가 슬리브를 매개로 체결되면서 샤프트에서 기어까지 하나가 된다. 슬리브 쪽, 기어 쪽 모두 스플라인이 맞물리는 부분이 역 테이퍼 상태가 되기 때문에 구동력이 걸리면 서로를 끌어당기기 때문에 쉽사리 빠지지 않는다.

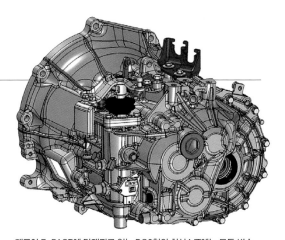

재규어 E-PACE에 탑재되고 있는 BG6형의 최신 MT에는 모든 변속 레버의 궤적을 가이드 플레이트로 만들어내는 완전 가이드를 적용. 완전 가이드는 MT에 있어서 최신기술 트렌드 가운데 하나로, 지프 랭글러의 세로형 6단MT인 AL6형에도 적용 중이다.

위 일러스트에서 화살표로 표시된 것이 변속 레버에서 뻗은 와이어가 접속되는 암 부분이다. 왼쪽 일러스트에서 십자로 표시된 화살표는 그 좌측에 보이는 짙은 녹색 부분 사이에 위치하는 이너 레버의 움직임을 나타낸 것이다. 짙은 녹색 부분은 인터 록 플레이트로 불리는 부분으로, 이너 레버와 함께 위아래 방향으로만 움직이고 회전 방향으로는 움직이지 않는다.

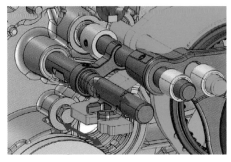

위 일러스트의 화살표 위로 보이는 녹색과 오렌지색 부분이 시프트 헤드로서, 왼쪽 일러스트 중에서 이너 레버가 연결되는 부분이다. 변속 레버를 좌우로 움직이면 이너 레버가 위아래로 움직이고, 게이트 쪽에서 앞뒤로 움직이면 회전하면서 연결되는 변속 레버가 앞뒤로 움직인다. 이 움직임은 변속 포크로 전달되고, 앞 페이지에서 해설한 싱크로 작동으로 이어진다. 이때 이너 록 플레이트는 이너 레버가 연결된 변속 헤드에 인접한 변속 헤드의 움직임을 막음으로써 기어가 이중으로 물리는 것을 방지한다. 왼쪽 사진은 FR용 세로형 MT의 변속 헤드. 3세트가 겹쳐서 배치되어 있는 것을 알 수 있다.

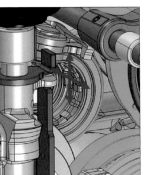

위 사진은 FR용 세로형 MT의 인터 록 플레이트.

MT의 기어 세트는 모두 상시적으로 서로 맞물린 상태를 하고 있다. 그리고 기어 단수의 수만큼 존재하는 기어 세트는 제각각 다른 감속비를 갖지만, 당연히 기어 세트 전부가 따로 갈 곳이 없는 형태로 체결되어 있으면 우선 회전할 수가 없다. 그래서 기어 세트 가운데 어떤 한 쪽 기어는 샤프트에 체결되지 않고 자유롭게 회전하는 자유 상태로 되어 있다(다만 축 방향으로는 움직이지 않도록 규제된다). 물론 어떤 기어 세트도 한 쪽이 자유로운 상태에서는 공전하기만 할 뿐 구동력을 전달할 수는 없다. 이것이 중립 상태이다.

인풋 샤프트로부터 전달된 구동력을 기어 세트로 넘겨서 토크 증폭(또는 증속)한 다음 아웃풋 샤프트를 통해 출력하기 위해서는 어딘가 한 곳의 필요한 기어 세트 공전을 중지시켜서 샤프트에 체결할 필요가 있다. 그 역

할을 담당하는 것이 공전하는 기어 옆에 반드시 위치하는 허브라는 존재이다. 샤프트에 완전히 고정된 허브의 슬리브를 변속 포크로 움직여 공전하는 기어에 물리게 하면 허브와 기어가 슬리브를 매개로 연결되면서 공전하던 기어가 샤프트와 체결된다. 이것이 잘 표현하는 "기어가 들어간 상태"인 것이다.

다만 자유로운 상태의 기어와 허브 사이에는 정지해 있을 때 말고는 회전차이가 반드시 존재한다. 기어와 슬리브의 연결은 스플라인에 의해 이루어지만, "촘촘한 도그 클러치"로 볼 수 있는 스플라인은 회전차이가 크거나 맞물릴 때 튕겨버린다. 그래서 이 회전차이를 없애고 회전을 동기화시키기 위해서 기어와 허브 사이에 싱크로 장치를 넣는 것이다.

덧붙이자면 변속 감각을 형성하는 요소로도 작용하는 움직임(궤적)은, 위에 나타

낸 것처럼 이너 레버와 변속 헤드 그리고 미사용 시프트 헤드의 위치를 고정함으로써 기어의 이중 물림을 방지하는 인터 록 플레이트와 이들 면 형상 등이 복합적으로 얽혀서 결정되지만, 근래에는 더 나아가 솔리드를 통해 레버가 원활하게 움직이도록 가이드 플레이트로 모든 궤적범위를 규제하는 '완전 가이드' 같은 방법도 이용한다.

말로 하기는 쉽지만 많은 부분이 "슬라이드"로 구성되는 변속의 조작시스템은 "유격"없이는 성립되지 않기 때문에, 그것을 플레이트로 규제하면서 확실하게 변속하기 위해서는 각 부분이 매우 정밀해야 한다. 가이드 플레이트를 통한 레버 궤적의 규제(컨트롤)는 지금까지도 존재했지만 일부에 지나지 않았다. 완전 가이드가 가능해진 것은 불과 몇 년 전이라고 한다.

2

구동계통 부품의 명칭과 역할

원동기 동력을 적절히 변환하면서 바퀴로 전달하는 부품들

변속기보다 하류에 있는 구동계통 부품도 마찬가지로 엔진의 동력을 바퀴로 전달하는 역할을 한다.
그리고 또 한 가지, '진동을 억제하는' 중요한 역할도 갖고 있다.

본문 : 미우라 쇼지   사진 : 아우디

FF차의 구동시스템 배치

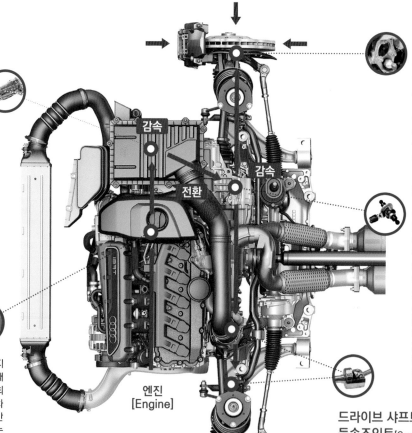

허브 캐리어[Hub Carrier/Knuckle]
허브[Hub]

허브는 우선 차축과 그것을 지탱하는 베어링이지만, 노면의 요철이나 G에 의한 롤링과 피칭을 흡수하기 위해서 서스펜션의 바퀴 쪽에 장착되는 제품으로서 허브 캐리어(너클/업라이트)와 하나로 되어 있다. 그런 의미에서는 구동시스템 부품인 동시에 서스펜션 부품이라고도 할 수 있다. 크기나 무게, 강성이 조종안정성과 코너링 성능에 영향을 끼치는 부위이기도 하다.

트랜스미션[Transmission]
트랜스퍼[Transfer]

승용차에 탑재 가능한 엔진은 그 상태로는 토크가 부족하기 때문에 변속기를 사용해 토크를 증폭(감속)한다. 감속을 하면 엔진 회전수가 허용범위를 넘어서 올라가기 때문에 복수의 감속비를 설정하고 속도에 맞춰서 토크를 변환한다. 4WD 같은 경우는 동력을 분할하기 위해서 변속기에 트랜스퍼를 장착한다. 앞뒤 바퀴의 회전차를 흡수하기 위해서 디퍼런셜이나 다판 클러치 같은 차동장치를 사용하는 경우가 많다.

감속

감속

전환

디퍼런셜 기어[Differential Gear]

선회할 때 좌우 바퀴는 선회 중심으로부터의 거리가 다르기 때문에 회전수에 차이를 보인다. 그것을 흡수하기 위한 차동장치가 디퍼런셜이다. 구조 상 좌우 바퀴에 같은 토크만 전달할 수 있기 때문에 미끄러운 도로나 고속으로 선회할 때는 오히려 차동이 방해가 되는 경우도 있어서 차동을 제한하는 LSD(차동제한장치)를 이용하기도 한다. 또 디퍼런셜은 기어지름 문제가 크기 때문에 감속비를 크게 채택하지 않는 변속기의 감속을 보완하기 위해서 최종감속기(파이널 기어)를 일체화하고 있다.

클러치 토크 컨버터
[Clutch Torque Converter]

내연기관은 어느 정도의 회전수가 나오지 않으면 유효한 토크가 만들어지지 않기 때문에 출발할 때는 미리 엔진을 돌려놓고 회전이 떨어지지 않도록 미끄러트리면서 차축 방향으로 동력을 전달하는 클러치가 반드시 필요하다. 그래서 자동변속기에서는 마찰 클러치를 대신해 유체 연결로 토크 증폭장치를 부가한 토크 컨버터를 사용한다. 다만 토크 컨버터는 상시적으로 작동시키면 저항이 되기 때문에 일정한 속도가 나오면 역시 마찰 클러치에 엔진 동력을 직결시킨다.

엔진
[Engine]

드라이브 샤프트[Drive Shaft]
등속조인트[Constant Velocity Universal Joint]

독립현가식 서스펜션은 움직이는 바퀴와 차체에 고정된 디퍼런셜 사이를 유니버설 조인트를 이용해 양끝이 자유롭게 움직이는 철봉으로 연결할 필요가 있다. 유니버설 조인트에는 몇 가지 종류가 있는데, FF차에서는 상하 뿐만 아니라 조향에 의해 좌우 움직임에도 대응하기 위해서 원주 방향을 포함해 신축이 가능한 CVJ가 필수이다. 회전동력을 받으면서 움직이기 때문에 뛰어난 정밀도와 진동에 강한 내구성이 요구되는 부위이다.

변속기보다 하류에 위치하는 구동시스템 부품에는 두 가지 기능이 있다. 하나는 엔진 동력을 바퀴로 전달한다. 단, 전달만 하는 것이 아니라 거기에는 속도변환(주로 감속)이나 동력의 방향전환 같은 역할도 있다. 그런 기능 대부분은 기어를 통해 실행되는데, 아무리 정밀도가 높은 기어라도 저항이 있기 마련이다.

특히 방향전환을 담당하는 베벨 기어(Bevel Gear)는 동력전달효율이 좋지 않다. 원동기가 엔진이 아니라 전동모터라면 감속이나 방향전환이 잠깐이면 끝나기 때문에 저항을 줄일 수 있을 뿐만 아니라 애초에 부품 자체가 많이 줄어든다. e-4WD에서는 내연기관 4WD에 필수적인 트랜스퍼나 프로펠러 샤프트가 필요 없다. 즉 구동시스템 부품의 반 이상이 원동기가 내연기관인 탓에 있어야 하는 것이다. 하지만 EV에서도 허브나 CVJ를 없앨 수는 없다.

바퀴에 가까운 위치에 있는 구동시스템 부품은 동력전달이라고 하는 기능 이상으로 바퀴의 움직임을 허용하면서 규제함으로써, 어떤 차체 자세에서두 동력을 확실하게 전달하면서 바퀴를 떠받치는 서스펜션 기능을 갖고 있기 때문이다.

이런 부위의 부품은 항상 크고 작은 진동에 노출되는 동시에 '움직이더라도 필요 이상으로 움직여서는 안 된다.'는 이율배반적인 역할을 맡아야 한다.

예를 들면 엔진에 기인해서 생기는 진동과 도로에서 기인하는 진동은 그 주파수가 전혀 다르다. 때문에 앞바퀴의 CVJ는 구동력과 조향력에 대해서는 그대로 전달하면서 반력에서는 움직이지 않아야 하는 불가역성이 요구된다. 히브 주위에시는 도로

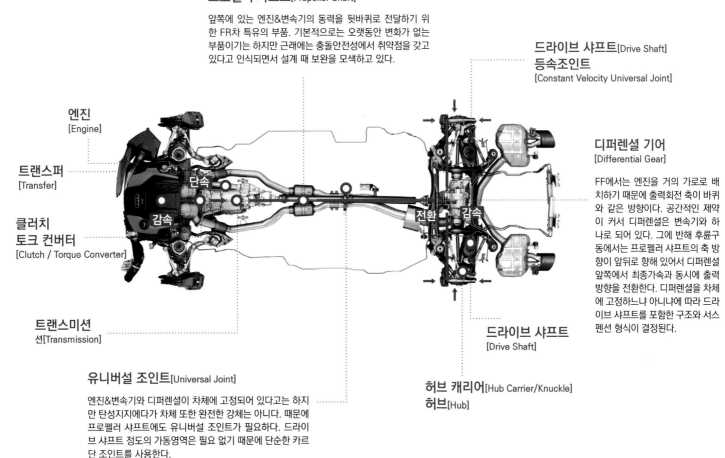

FR차의 구동시스템 배치

프로펠러 샤프트[Propeller Shaft]

앞쪽에 있는 엔진&변속기의 동력을 뒷바퀴로 전달하기 위한 FR차 특유의 부품. 기본적으로는 오랫동안 변화가 없는 부품이기는 하지만 근래에는 충돌안전성에서 취약점을 갖고 있다고 인식되면서 설계 때 보완을 모색하고 있다.

엔진[Engine]

트랜스퍼[Transfer]

클러치 토크 컨버터[Clutch / Torque Converter]

트랜스미션션[Transmission]

단속
감속

전환 감속

유니버설 조인트[Universal Joint]

엔진&변속기와 디퍼렌셜이 차체에 고정되어 있다고는 하지만 탄성지지에다가 차체 또한 완전한 강체는 아니다. 때문에 프로펠러 샤프트에도 유니버설 조인트가 필요하다. 드라이브 샤프트 정도의 가동영역은 필요 없기 때문에 단순한 카르단 조인트를 사용한다.

드라이브 샤프트[Drive Shaft]
등속조인트[Constant Velocity Universal Joint]

디퍼렌셜 기어[Differential Gear]

FF에서는 엔진을 거의 가로로 배치하기 때문에 출력회전 축이 바퀴와 같은 방향이다. 공간적인 제약이 커서 디퍼렌셜은 변속기와 하나로 되어 있다. 그에 반해 후륜구동에서는 프로펠러 샤프트의 축 방향이 앞뒤로 향해 있어서 디퍼렌셜 앞쪽에서 최종가속과 동시에 출력방향을 전환한다. 디퍼렌셜을 차체에 고정하느냐 아니냐에 따라 드라이브 샤프트를 포함한 구조와 서스펜션 형식이 결정된다.

드라이브 샤프트[Drive Shaft]

허브 캐리어[Hub Carrier/Knuckle]
허브[Hub]

진동과 동력이 다수의 기어나 접속부분으로 인해 발생한 복합적인 진동이 전달되는 동시에, 타이어나 스프링·부시 같은 다른 특성을 가진 탄성부품의 진동이 겹치는데다가 급한 운전자의 조작, 도로의 급변에도 대응해야 한다.

자동차는 3만개가 넘는 부품의 집합체로서, 이들 부품의 질량과 운동이 모아져 발생하는 진동을 억제하는 완충재라고 해도 과언이 아니다.

구동시스템 부품은 중요한 부품들임에도 불구하고 홀대를 받는다. 진동과 소음의 발생원이기 때문이다.

구동시스템 제조업체를 취재하러 갈 때마다 듣는 소리는 '설계제원이 결정되는 것은 개발과정의 가장 마지막 단계'라는

것이다. 특히 타이어나 휠의 크기와 무게는 허브 주변의 제원에 크게 영향을 받는데, 그것이 디자인이나 마케팅 상황에 따라 마지막 순간에 완전히 바뀌는 경우도 종종 있다고 한다.

그렇다고 해서 입출력의 과다나 질량에 여유를 두는 것은 허용되지 않는다. 구동시스템 부품은 기본적으로 작고, 가볍고, 싸야 하는 것이 당연한 요구라, 어느 수준에서 내구성의 한계선에서 만든다. 경험적으로만 봐도 구동시스템 부품은 단가인하의 손쉬운 표적이라고 느낄 때가 많다.

20세기 자동차는 허브나 드라이브 샤프트 같은 부품이 소모품이었다. 하지만 최적의 설계를 거치면서 적어도 통상적인 사용에서는 내구성에 문제가 없어졌다는 사

실은 칭찬 받아 마땅한 일이다. 때문에 구동시스템 부품 자체를 통해 흑자를 도모하는 것 자체가 나쁜 것은 아닐 것이다.

그런데 이런 흑자 가운데서 유일하게 그 존재를 주장하는 부품이 있는데, 바로 LSD이다.

차동을 하기 위한 디퍼렌셜에 일부러 차동제한을 걸어주는 LSD는 스포츠 주행뿐만 아니라 상시 4WD 같은 경우, 접지성능을 확보하기 위해서 앞뒤 LSD가 반드시 필요하다.

그리고 구조나 부품구성은 자동차의 조종성능을 서스펜션 이상으로 좌우한다. 그 대부분은 다판 클러치 방식이었지만 근래에는 토크(차동량) 배분을 전자적으로 제어하는 방식이 등장하면서 노면상황과 상

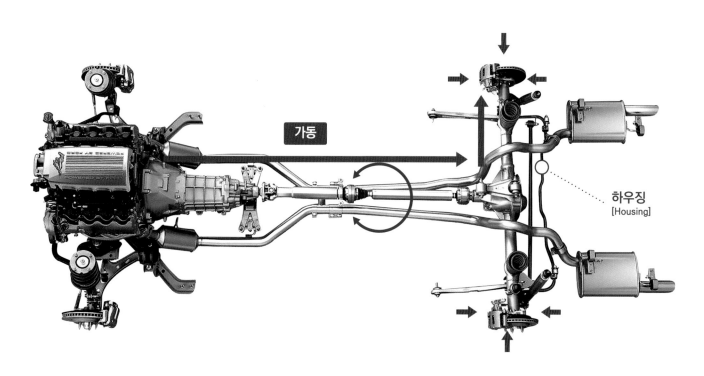

● 후륜고정차축의 경우

리지드 액슬(유럽과 미국에서는 '라이브 액슬' 또는 '솔리드 액슬')에서는 디퍼렌셜이 차체에 고정되지 않고 드라이브 샤프트와 일체화된 하우징이라고 하는 케이스에 들어가 있으면서 바퀴의 움직임에 맞춰서 상하로 움직인다. 하우징의 움직임은 앞뒤방향으로도 발생하기 때문에 프로펠러 샤프트는 두 개의 파이프를 겹쳐서 움직임을 흡수한다. 바퀴에 걸리는 횡력은 하우징을 좌우로 움직이게 한다. 하우징의 움직임을 허용하면서 가로 방향의 내구력을 갖게 하기 위해서 리지드에서는 서스펜션 형식이 자유롭지 못하다. 승용차에서는 앞뒤방향 암과 좌우 비스듬하게 걸친 래터럴 로드로 움직임을 규제하는 경우가 많지만, 트럭 등에서는 판스프링을 사용해 바퀴를 위아래로만 움직이도록 하는 타입을 대부분 사용한다.

관없이 작동할 뿐만 아니라, LSD의 취약점인 잡음이나 진입할 때 언더 스티어를 일으키지 않게 되었다.

다판 클러치를 사용하지 않는 기계식 LSD의 대표적 사례는 토르센 LSD로, 이것을 센터 디퍼렌셜에 계속해서 사용해 왔던 아우디도 트랜스퍼에 전자제어 클러치를 사용하기에 이르렀다.

이것은 구동력이나 조종성능을 상황에 맞춰서 자유롭게 제어할 수 있다는 이점 외에, 불필요할 때는 구동을 차단해 저항을 줄이는 즉, 연비대책이라는 점은 분명하다. 아우디의 울트라 시스템이나 GKN의 트윈스터(TWINSTER)는 디퍼렌셜 출

구에 클러치를 설치해 프로펠러 샤프트의 움직임도 정지시키는 눈물겨운 연비대책까지 수행한다.

회전하고, 상하좌우로 움직이는 구동시스템 부품을 최대한 움직이지 않게 하려는 트렌드는 역시나 구동시스템 부품을 필요악으로 보고 있다는 증거일 것이다.

EV를 취재하다 보면 변속기와 클러치(토크 컨버터)가 없다는 것이 얼마나 좋은지에 대해서 역설하는 담당자들을 보곤 한다. 클러치부터 디퍼렌셜까지의 동력전달 구동시스템 부품이 머지않아 모습을 감출지도 모른다.

하지만 서스펜션과 하나가 되어 움직이

는 구동시스템 부품은 바퀴가 존재하는 이상 없어질 일은 없을 것이다. 어떤 서플라이어 기술자는 이렇게도 말한다.

"EV가 디퍼렌셜이 필요 없다고는 하지만 사실 좌우 바퀴는 소프트웨어로 제어하기보다 디퍼렌셜 쪽이 간단하고 정확합니다. 백년에 걸쳐 다져온 기계부품의 정밀도와 내구성을 그리 쉽게 소홀히 할 수는 없습니다."

그런 EV조차 간략한 변속기라도 있는 편이 고효율이라는 점을 많은 기술자들이 한 목소리로 말한다. 엔진 이상으로 기존의 구동시스템 부품이 오랫동안 살아남을지도 모른다.

⊙ 트랜스 액슬의 경우

통상 FR차에서는 엔진과 변속기가 하나로 되어 차체 앞쪽에 배치되지만, 정지하중이 앞쪽에 치우치는 것을 꺼려해 변속기를 디퍼렌셜과 일체화해 후방에 배치하는 경우도 있다. 후륜하중이 증가해 트랙션 성능에 유리하다는 이유로 스포츠카 전용이라고 이야기되는 형식이다. 하지만 엔진출력이 감소하지 않고 뒤로 보내지기 때문에 저속에서 프로펠러 샤프트가 통상적일 때보다 3배 정도 고속으로 회전하면서 진동이 쉽게 발생한다. CFRP 등과 같은 경량소재를 사용해 관성질량을 줄이는 것 외에, 조인트 부분에도 특유의 개선점이 요구된다.

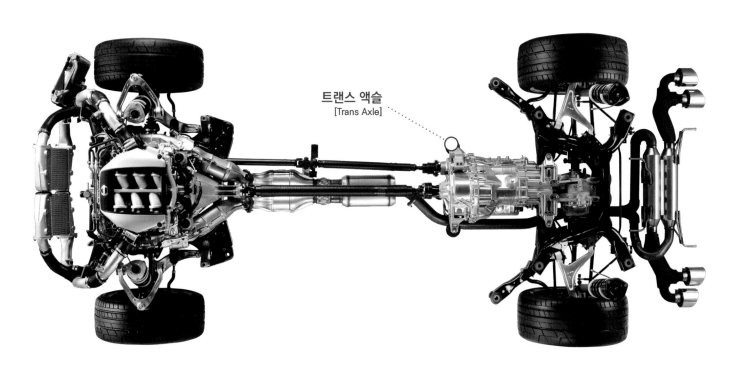

트랜스 액슬
[Trans Axle]

플라이휠

FLYWHEEL BASICS

3기통 엔진과 기통휴지 보급을 통해 존재가 부각

본문 : 세라 고타 사진 : 셰플러

▶ 플라이휠의 변천

우측 위의 '비틀림 진동 댐퍼'가 내장된 타입이 클러치 디스크의 전통적인 형태이다. 비틀림 진동 댐퍼 내장보다도 DMF, DMF보다도 DMF+CPA 쪽이 고기능으로, 고기능이 되면 될수록 가격도 비싸진다.

Torsional damper

DMF+CPA

Dual-mass
fly wheel(DMF)

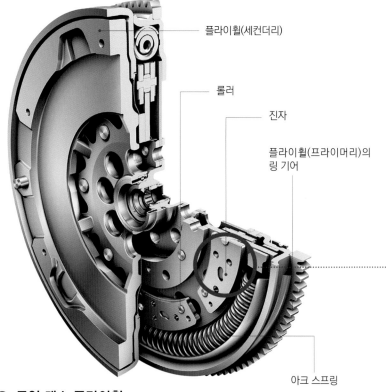

플라이휠(세컨더리)

롤러

진자

플라이휠(프라이머리)의
링 기어

아크 스프링

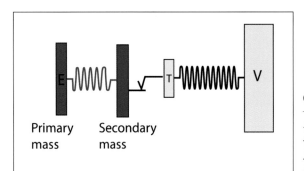

Primary mass | Secondary mass

▶ 듀얼 매스 플라이휠

위쪽 단면도는 원심진자 방식의 업소버(CPA)가 달린 듀얼 매스 플라이휠(DMF)을 나타낸 것이다. 진자(Pendulum mass)는 플랜지를 사이에 두고 서로 마주하고 있다. 프라이머리 휠이 엔진 쪽이다. 스프링 댐퍼를 이용하는 DMF는 주파수 튜닝, CPA는 차수 튜닝. 회전차수에 맞춰서 진동을 억제한다.

[플라이휠]

플라이휠은 엔진의 회전변동을 완화하기 위한 부품이다. 4기통 엔진의 경우는 크랭크샤프트가 2회전 하는 동안 4회의 연소가 발생한다. 앞 연소와 다음 연소 사이에는 상응하는 간격이 있다. 간격이 있으면 회전이 부드럽지 않게 되므로 플라이휠은 운동 에너지를 갖고서 탄력을 붙였다가 다음 연소를 기다리는 것이다.

다음 연소가 갑자기 일어나면 회전이 변동하기 때문에 그 변동을 억제하기 위해서 플라이휠에 모아둔 에너지를 사용해서 억제한다. 원리적으로 플라이휠이 무거울수록 진동 흡수 능력은 높아진다.

그러나 진동이 큰 엔진 같은 경우는 상당히 크고 무거운 플라이휠을 장착하지 않으면 회전변동(진동)을 다 억제하지 못 한다. 그래서 플라이휠에 스프링을 넣어 스프링의 완충기능을 이용해 회전변동을 억제하는 기술이 등장했다. 그것이 듀얼 매스 플라이휠(Dual Mass Flywheel)이다. 기존의 플라이휠을 나누어 2개로 만든 다음 그 사이에 스프링을 넣는 기술이다.

한 개짜리 플라이휠은 변속기 쪽에 있는 클러치까지 포함해서 엔진 진동을 억제한다는 생각이었다. 그런데 그런 조합이라면 엔진 쪽 진동량은 크지만 변속기 쪽 진동량은 작기 때문에 진동억제 효과가 약할 수밖에 없다. 그래서 플라이휠을 분할 설계함으로써 뒤쪽의 큰 진동량까지 억제해 완충기능을 높이겠다는 생각이다. DMF는 엔진 쪽 진동량과 변속기 쪽 진동량이 서로 진동하면서 요동(Oscillation)을 친다. 2개의 플라이휠 사이를 잇는 스프링이 완충역할을 함으로써 진동 양상을 어긋나게 한다.

"DMF가 나오고 나서야 비로소 승용차용 디젤엔진이 보급되었다."며 셰플러 재팬의 엔지니어는 말한다. 디젤은 한 번의 연소압력이 커서 회전변동도 커진다. 엔진 단독적인 기술은 성립하더라도 진동을 억제하지 못하면 자동차에 사용하기는 힘들다. 그것을 해결해 준 장치가 DFM인 것이다.

그 DMF에 진자(Pendulum) 댐퍼를 넣어 진동억제 효과를 높인 것이 원심진자 방식 업소

클러치

CLUTCH BASICS

원심방식 진자 업소버를 갖춘 클러치를 개발 중

본문 : 세라 고타 사진 : 셰플러

원심진자 방식 업소버란?

CPA Centrifugal Pendulum-type Absorber

①(녹색 화살표)는 진자의 움직임, ②(적색 화살표)는 엔진의 비틀림 진동을 나타낸 것이다. ②의 움직임에 대해 ①이 반대방향으로 회전함으로써 크랭크축의 비틀림 진동을 해소하는 구조. 진자를 플랜지에 고정하는 핀 주위는 하트 형상으로 뚫려 있어서 이 범위에서 진자가 요동궤적을 그린다. 요동 중심과 요동반경 두 가지 변수를 통해 회전에 대한 차수가 결정된다. 2종류의 진자를 설정해 4기통의 회전 2차와 2기통의 회전 1차로 튜닝하는 것도 가능하다.

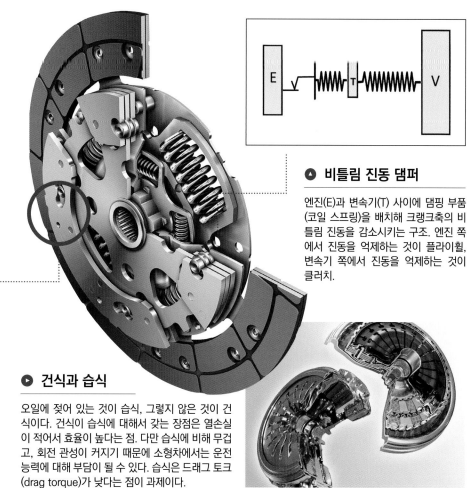

🔺 비틀림 진동 댐퍼

엔진(E)과 변속기(T) 사이에 댐핑 부품(코일 스프링)을 배치해 크랭크축의 비틀림 진동을 감소시키는 구조. 엔진 쪽에서 진동을 억제하는 것이 플라이휠, 변속기 쪽에서 진동을 억제하는 것이 클러치.

▶ 건식과 습식

오일에 젖어 있는 것이 습식, 그렇지 않은 것이 건식이다. 건식이 습식에 대해서 갖는 장점은 열손실이 적어서 효율이 높다는 점. 다만 습식에 비해 무겁고, 회전 관성이 커지기 때문에 소형차에서는 운전 능력에 대해 부담이 될 수 있다. 습식은 드래그 토크(drag torque)가 낮다는 점이 과제이다.

버(Centrifugal Pendulum-type Absorber : CPA)를 장착한 DMF(DMF with CPA)이다. 3기통 엔진이나 기통휴지 기술이 증가하면서 주목받았던 기술이다. 예전에 마쯔다는 CX-5를 개량하면서 스카이액티브-G 2.5의 2.5ℓ 직렬4기통 엔진에 마쯔차 최초로 기통휴지 기술을 채택한 바 있는데, 그 기통휴지 때(2번과 3번 실린더의 2기통 운전이 된다) 엔진 연소로 인한 토크 변동을 흡수하는 기술로 CPA를 이용한 것이다.

스카이액티브-G 2.5에 대한 CPA 적용은 토크 컨버터에 의한 것(셰플러 제품)이었지만, CPA는 클러치나 플라이휠에 풀리 등과 같이 적용 범위가 넓은 것이 특징이다. 원래

CPA는 헬리콥터의 스핀들에 이용되던 기술을 자동차용으로 응용한 것이라고 한다. 엔진 쪽 프라이머리 플라이휠과 변속기 쪽의 세컨더리 플라이휠 사이에 플랜 외주에 핀(롤러)으로 고정한 진자를 장착한다.

플라이휠이 회전하고 있을 때 진자에는 원심력이 작용해 바깥쪽으로 똑바로 나가려고 한다. 진동이 발생하면 힘의 벡터가 바뀌는데, 밖으로 똑바로 나가려고 하는 진자의 힘이 진동에 대해 저항력으로 작용하면서 진동을 감쇠시키는 작용을 하는 것이다.

CAP는 특히 회전이 낮을 때 진동저감 효과가 뛰어나기 때문에 연비에 대한 공헌도가 크다. 엔진에서 발생한 진동을 줄임으로써

록 업 스피드를 낮게 설정할 수 있기 때문이다. 그래서 AT에 대한 적용이 증가하고 있다.

[클러치]

MT에서 사용하는 건식 단판 클러치를 예로 들어 '진동 감쇠'에 초점을 맞춰서 설명하자면, 안쪽에 비틀림 진동 댐퍼를 갖춘 타입이 기본형으로, 스프링을 이용해 비틀림 진동을 억제하는 구조이다. 셰플러에서는 위 그림에서 보듯이 CPA를 조합해 진동감소 효과를 높인 제품을 개발 중이다. DMF를 채택하느냐, DMF with CAP를 채택하느냐 그것도 아니면 CAP가 딸린 클러치를 채택하느냐에 대한 개발을 말한다. 완성차 메이커가 무엇을 요구하느냐에 따라 해결책은 달라진다.

토크 컨버터

TORQUE CONVERTER BASICS

토크증폭 기능보다도 진동감쇠 능력을 중시하는 연구에 주력

본문 : 세라 고타 사진 : 셰플러

토크 컨버터는 유체를 이용해 토크를 증폭시키는 기구로, AT차의 출발장치로 이용된다. 크랭크축의 회전에 따라 토크 컨버터의 케이스가 회전하면 내부의 펌프 임펠러가 회전해 안에 있던 오일이 펌프~터빈~스테이터로 순환하는 과정에서 토크를 증폭하는 구조이다. 출발을 쉽게 해준다.

강력하면서도 부드러운 출발성능이 토크 컨버터의 매력이기는 하지만, 슬립에 의한 손실이 발생한다. 그 손실을 최소한으로 줄여서 연비를 향상시키기 위해 출발 후 바로 구동시스템을 직결하는, 즉 록업하는 제어가 주류를 이루고 있다. 록업 영역은 저속·저회전 쪽으로 확대되어 가는 흐름이다.

충돌안전성능을 추구함에 따라 변속기의 소형화, 특히 전장 단축에 관한 요구가 높다. 직격탄을 맞은 것이 먼저 펌프 임펠러와 터빈 라이너가 외주 부분에서 마주하는 토러스(torus)이다. 여기를 얇게 하는 것이 전장을 단축하기 쉽다. 토러스를 편평하게 하면 효율은 떨어지지만 '록업 전에 별로 사용하지 않는 영역의 효율만 떨어지기 때문에 감수할 수밖에 없다'는 명확한 상황이다.

셰플러는 록업 클러치를 이용하지 않고 터빈 라이너의 플랜지를 출력축 쪽으로 밀어붙여 록업하는 인텔리전트 토크 컨버터를 양산화하고 있다. 덕분에 클러치가 필요 없어지면서 진동억제를 위한 댐퍼를 배치하기가 쉬워졌다.

단판이었던 록업 클러치가 다판으로 바뀌는 경향을 보이고 있는데, 요약하면 장소 때문이다. 진동억제에 있어서 최적인 장소, 즉 바깥쪽에 스프링을 배치하면 록업 클러치는 작게 할 수밖에 없고 작게 해서 만들려면 다판으로 갈 수밖에 없는 것이다. 다만 제어측면에서는 유리하다. 토크 컨버터 특유의 슬립감각이 나는 출발보다 거의 슬립 없는 출발을 원하는 경향이 있는데, 그런 요망에 대응하기 위해서 근래에는 다판 클러치를 제어해 출발에 적용하는 시대가 되고 있다. 그렇다면 클러치 1개일 때는 제어성이 낮아 다판으로 해야 할 필요성이 있다. 진동억제를 중시하는 흐름 측면이나 제어성능 측면 양쪽 모두 단판 클러치는 없어지는 운명인 것이다.

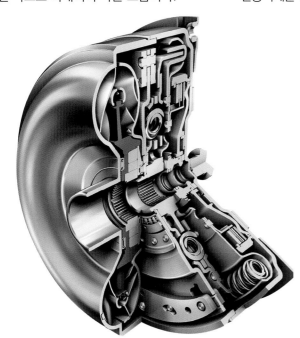

1st Generation 2nd Generation 3rd Generation

토크 컨버터에 적용하는 원심진자 방식 업소버(CPA)의 진화를 나타낸 것이다(셰플러 사례). 제2세대에서는 CPA 효율이 향상. 제3세대에서는 저회전 영역의 안정성이 향상(→더 하향 속도가 가능하다).

▶ 토러스 형상은 편평화로

록업 기능을 터빈에 집어넣어 록업 클러치를 없앤 iTC(Intelligent Torque Converter). 그 결과 얇고 좁게 할 수 있었고 빈 공간을 댐퍼 탑재에 할당할 수도 있다. 단속은 클러치로만 한다는 기존 개념을 깸으로써 등장한 발상이다. 하우징의 성형정밀도를 높인다거나 마찰재의 제조방법을 개량하는 등의 장애물이 있었다.

◀ 스테이터의 날개 형상이 중요

토크를 증폭할 때 중요한 역할을 담당하는 스테이터는 블레이드의 3차원 형상에 따라 성능지표인 토크 비율(출력토크와 입력토크의 비율)과 용량계수(입력토크와 입력회전 속도의 관계)가 결정된다. 때문에 매우 섬세하다. 2MPa이나 되는 큰 압력이 걸리기 때문에 주물로는 강도가 부족해서 판금으로 제작하는 것이 기본이다.

프로펠러샤프트

PROPELLER SHAFT BASICS

FR차 특유의 동력전달 부품에 담겨진 알려지지 않은 노하우

본문 : 미우라 쇼지 사진&그림 : JTEKT/후리하타 도시아키/미우라 쇼지

슬리브 요크 | 훅스 조인트(셸 타입) | 등속조인트 | 튜브(강관) | 튜브(강관) | 훅스 조인트(솔리드 타입)

조인트 요크 | 플랜지 요크 | 센터 베어링 | 중간 슬라이드

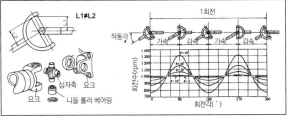

2종 프로펠러 샤프트

좌측은 디퍼렌셜이 차체에 고정된 독립현가용, 우측은 디퍼렌셜이 요동치는 고정차축용. 프로펠러 샤프트가 거의 움직이지 않는 독립현가에서 샤프트가 조인트로 분할되는 것은 고속회전에 따른 진동 대책 때문이다. 조인트는 십자 조인트가 많이 사용하지만 진동이나 연결 상태에 따라 CVJ를 사용하는 경우도 있다. 고정차축용은 디퍼렌셜의 움직임으로 샤프트가 앞뒤로 움직이는 흡수하기 위한 슬라이드 장치가 들어가 있다.

훅스 조인트(+자 커플링)가 구조는 간단하지만 각도변화로 인해 입출력 축에 각 속도 차이가 발생한다. 각도변화가 많은 드라이브 샤프트에서는 사용하지 않는 구조. 사진은 마츠다 로드스터의 프로펠러 샤프트. 샤프트 길이가 짧아서 비분할 구조로 되어 있다.

독립현가용 프로펠러 샤프트를 차체에 매다는 센터 베어링. 충돌할 때 브래킷이 분리되면서 샤프트가 땅 쪽으로 떨어지게 한다.

샤프트가 베어링으로 연결되어 고무 등과 같은 탄성물체를 매개로 차체, 프레임과 결합.

서포트 고무 | 브래킷 | 베어링

프로펠러 샤프트에는 두 가지 종류가 있다. 먼저 디퍼렌셜이 고정되어 있는 독립현가용. 다른 한 가지는 디퍼렌셜(하우징)이 요동치는 고정차축용이다. 후자는 디퍼렌셜의 움직임으로 인해 각도가 바뀌는 동시에 앞뒤방향으로 움직인다. 그래서 지름이 다른 샤프트를 조합해 미끄러질 수 있게 하고 있다. 독립현가에서 디퍼렌셜은 움직이지 않기는 하지만, 완전히 차체에 고정되어 있는 것은 아니기 때문에 바퀴가 움직임에 따라 얼마간의 각도변화와 신축을 수반한다. 그래서 등속조인트·CVJ(다음 글에서 설명)를 이용해 양쪽을 흡수하는 구조를 채택하고 있다.

독립현가용의 프로펠러 샤프트는 대개 3분할을 적용하는 것이 주류이다. 프로펠러 샤프트는 고속으로 회전하기 때문에 약간의 불균형만으로도 굴절공진이 발생하는데, 고유회전수(100~150Hz) 부근에서 공진이 일어나면 자려진동(Flutter)으로 인해 부러지거나 파손

되기도 한다. 이를 막기 위해서는 중공으로 된 샤프트의 지름을 키우고 얇게 하는 것이 좋다. 지름이 큰 것은 보디의 센터 터널 단면에 영향을 끼치기 때문에 환영받지 못한다. 그래서 샤프트를 분할해 샤프트와 조인트 한 군데 당 공진점을 높이는 방법이 적용된 것이다.

분할하는 필요성에는 다른 이유도 있다. 충돌할 때 프로펠러 샤프트가 한 개로만 된 강체라면 크러셔블 보디가 찌그러지는 것을 방해하기 때문이다. 그럴 때 신축성이 있는 CVJ가 도움이 된다. 조인트가 파이프의 격벽을 뚫고나가 더 진행되는 것도 있다. 또 부러질 때 샤프트가 위로 솟구쳐 차량실내나 연료탱크로 들어가면 큰 사고가 날 수 있기 때문에 프로펠러 샤프트를 매다는 센터 베어링의 브래킷이 분리되어 반드시 아래쪽으로 떨어지도록 되어 있다. 프로펠러 샤프트는 구동시스템에서 마지막에 배치되기 때문에 신축장치가 없으면 조인트 부분에 스터드 볼

트를 관통시키지 못 한다는 채택 이유도 있다.

뒤쪽 끝에 위치하는 조인트 부분은 플렉시블 커플링이라고 하는 탄성소재를 사용해 실이 붙어 있다. 이것은 오로지 NV대책 때문이다. 하지만 열화를 피할 수 없는 부분이기도 하다. 현재는 보디 하부에 언더커버를 붙이는 경우가 많아졌기 때문에 물기나 돌이 튀어서 손상 받는 일은 줄어들었지만, 반면에 열이 빠질 곳이 없어서 내열성이 요구되었다. 노이즈라고 하면 토크 변동으로 인해 조인트가 덜걱거리면서 중공 파이프가 북이 진동하는 것 같은 현상을 일으키는 경우가 있다. 그것을 막기 위해서 파이프 안에 몇 장의 골판지가 들어간다. 유럽과 미국에서는 발포재를 이용하는 경우도 있다고 하는데, 종이가 싼 것은 두 말할 필요도 없다. FF 바탕의 주문자 생산 방식의 4WD는 뒷바퀴를 전동화하고 있지만, 고급차용 FR의 구동시스템 부품으로는 당분간 변함없는 존재이유를 유지할 것으로 예상된다.

드라이브샤프트

DRIVE SHAFT(CVJ) BASICS

구부러지고 신축하면서 회전을 전달하는, 복잡하면서도 정밀한 부품

본문 : 미우라 쇼지 사진&그림 : JTEKT/후리하타 도시아키/미우라 쇼지

후륜구동, 그것도 거의가 고정차축이었던 시대에는 드라이브 샤프트가 디퍼렌셜 케이스와 하나가 된 하우징(Housing)에 들어가 있었기 때문에 단순한 회전축이면 충분했다. 하지만 독립현가가 되면서 디퍼렌셜이 차체에 고정되고 드라이브 샤프트가 바퀴와 하나가 되어 상하로 움직이게 되자 샤프트의 디퍼렌셜 쪽과 바퀴 쪽에 움직임이 가능하도록 조인트가 필요하게 된다. 훅스 조인트라든가 카르단 조인트로 불리는 단순한 십자 커플링으로도 기능하기는 하지만, 각도변화로 인해 입력 쪽과 출력 쪽에서 각속도가 바뀌면서 부등속이 된다. 이 때문에 부드러운 각도변화와 진동억제를 위해 탄생한 것이 등속 조인트(CVJ)이다.

기술이 더 발전해 FF차가 보급되기 시작하자, 바퀴는 상하운동뿐만 아니라 Z축 방향으로도 각도가 바뀌기 때문에 킹 핀 축(조향할 때의 바퀴회전 중심)과 드라이브 샤프트의 회전축이 어긋나는 상황이 발생했다. 슬라이드 방식의 CVJ 역사는 비교적 가까운 편으로, 70년대까지의 FF에서는 십자 커플링이나 각도변화의 영향이 적은 세로배치 엔진을 사용했다.

현재의 다수로 자리 잡은 FF에서는 2종의 CVJ를 병용한다. 디퍼렌셜 쪽은 슬라이드 방식, 바퀴 쪽은 고정방식이다. 구분해서 사용하는 이유는 두 개의 CVJ에 일장일단이 있기 때문인데, 고정방식은 각도변화를 크게 할 수 있는 대신에 신축이 안 되고, 슬라이드 방식은 그 반대이다. 바퀴 쪽이 서스펜션에 의해 상하로 크게 움직이기 때문에 고정방식이 적당하다. 여기에 슬라이드 방식을 이용하면 위치량과 더불어 불필요하게 기구가 커지고 복잡해지기 때문에 일부러 기능을 분할해 놓는 것이다.

고정방식 CVJ 구조는 홀더에 의해 지지받는 볼이 아우터 케이스에 파인 홈을 움직이는 방식이다. 대개는 원호 홈이지만 직선 홈으로 되어 있어서 가동영역(작용각도)을 크게 한 것도 있다.

슬라이드 방식은 크게 나누어 롤러방식(트라이프드)과 볼방식(제파)이 있다.

차축 원주방향으로 롤러를 배치한 롤러방식에도 2종류가 있다. 롤러가 회전축에 고정된 싱글 롤러와 이중 롤러의 외주 쪽이 각도변화를 허용하는 더블 롤러이다. 싱글 롤러는 샤프트의 각도변화에 따라 아우터 케이스와 닿는 면이 증가하면서 「강제력」으로 불리는 마찰이 발생한다. 그것이 진동의 원인이 되기 때문에 토크가 큰 차량이나 고급차에서는 대부분 더블 롤러를 사용한다.

롤러 방식보다 구조적으로 유격이 적은 볼방식도 역시 2종류가 있다. 볼을 잡아주면서 신축하기 위한 아우터 케이스 쪽 홈이 직선으로 배치된 것과 교대로 방사선 형태로 기울어져 배치된 것 2가지이다. 전자는 슬라이드 양은 많지만 볼을 지지하는 장치가 각변화로 인해 마찰이 발생함으로써 엔진이 횡적 진동을 전달하기 때문에 앞 차축에 사용하지 않고 FF 바탕의 4WD에 뒤 차축용으로 사용한다. 후자는 주로 고급 FR차에 사용한다.

샤프트와 CVJ 사이에는 물이나 이물질이 들어오지 않도록 부츠로 덮는다. 옛날 자동차에서는 소모품이라 교환하기 위해서는 드라이브 샤프트를 탈착해야 했다. 최근에는 고무 소재에서 열가소성이 뛰어난 TPE수지로 바뀌면서 내구성에 아무런 문제가 없다. 각도변화가 큰 바퀴 쪽은 물기가 달라붙어 스텝 스틱이라고 하는 소리가 발생하기 때문에 왁스성분을 첨가한다고 한다.

샤프트의 소재는 고탄소강으로, 진동과 각변화 허용량이라는 문제 때문에 되도록 가늘게 만들어야 해서 붕소나 망간을 넣어 열처리로 경화층을 두껍게 하는 대책이 들어가 있다. 조인트 부분의 접합은 강도면이 요구되므로 마찰접합을 이용한다.

가로배치 FF는 변속기+디퍼렌셜이 차체 중심에서 벗어나 있기 때문에 좌우 드라이브 샤프트 길이가 아무래도 똑같지 않다. 길이 차이는 비틀림 강성의 차이로 나타나 토크 스티어를 유발하게 된다. 그 때문에 좌우 드라이브 샤프트 지름을 다르게 할 뿐만 아

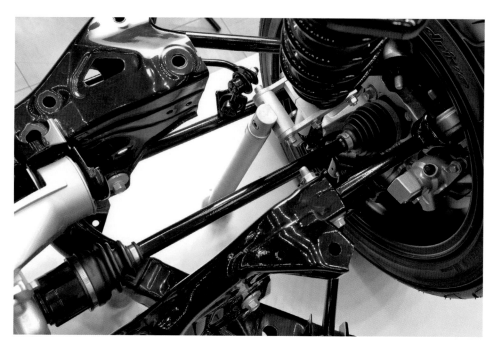

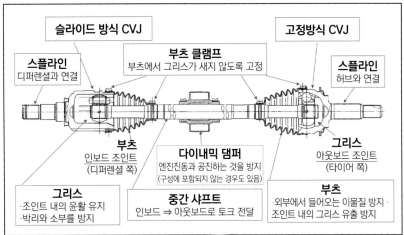

슬라이드 방식 CVJ

부츠 클램프
부츠에서 그리스가 새지 않도록 고정

고정방식 CVJ

스플라인
디퍼렌셜과 연결

스플라인
허브와 연결

부츠
인보드 조인트
(디퍼렌셜 쪽)

다이내믹 댐퍼
엔진진동과 공진하는 것을 방지
(구성에 포함되지 않는 경우도 있음)

그리스
아웃보드 조인트
(타이어 쪽)

그리스
·조인트 내의 윤활 유지
·박리와 소부를 방지

중간 샤프트
인보드 ⇒ 아웃보드로 토크 전달

부츠
·외부에서 들어오는 이물질 방지·
조인트 내의 그리스 유출 방지

● 드라이브 샤프트의 기본구조

앞 차축용과 뒤 차축용은 드라이브 샤프트에 요구되는 성능구조가 다르다. 뒤 차축용에서는 거의 바퀴의 상하 움직임만큼만 각도가 바뀌는데 반해, 앞 차축용에서는 조향에 의한 움직임도 추가되기 때문이다. FF의 드라이브 샤프트는 각도변화 외에 샤프트의 신축을 흡수해 주는 기능이 요구된다. 사진에서 위쪽은 렉서스 GS용의 후륜 드라이브 샤프트. 아래는 소형 FF용. 전달 토크가 커지면 샤프트 지름도 커져서 경량화와 진동대책을 위해 중공축을 마찰접합으로 접착한다.

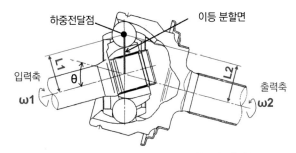

입력축 $\omega 1$ 하중전달점   이등 분할면   출력축 $\omega 2$ $L1$ θ $L2$

『조인트 각 θ와 관계없이 항상 ω1=ω2』을 위해서는 L1=L2

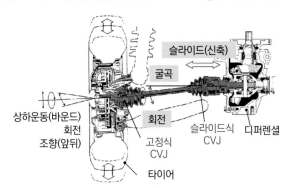

슬라이드(신축)
굴곡
회전
상하운동(바운드)
회전
조향(앞뒤)
고정식 CVJ
슬라이드식 CVJ
디퍼렌셜
타이어

앞바퀴용 드라이브 샤프트가 어떤 응력을 받는지 나타낸 그림. 엔진 쪽과 바퀴 쪽에서 X Y Z 3축의 입력을 복합적으로 받는다. 가시화할 수 있는 큰 움직임뿐만 아니라 타이어나 부시류, 엔진 마운트 같은 탄성지지물에 의한 미세한 움직임도 가해진다. 뒤 차축에 슬라이드 장치가 필요한 것은 드라이브 샤프트 바깥쪽이 그다지 강하지 않기 때문이다.

분류	고정식		슬라이드식			
타입	볼	볼	롤러	롤러	볼	볼
구조	원호 홈	원호 홈+직선 홈	싱글 롤러	더블 롤러	직선 홈	직선 홈 (아우터·이너가 교차)
주요 사용부위	타이어	타이어	디퍼렌셜	디퍼렌셜	디퍼렌셜	디퍼렌셜·타이어(Rr용)
성능 최대각	47°	50°	20~25°	26°	20°~31°	19°
성능 회전유격	◎		○	○	○	◎
성능 강제력	–	△	◎	○	◎	
성능 슬라이드저항	–	○	◎	△	△	

십자 조인트에 대한 CVJ의 특징은 각도변화에 따른 입출력 축의 각도변화 없이 더 큰 각도변화에 대응할 수 있다는 점이다. 베어링의 하중전달점과 두 개의 차축 중심 사이 거리가 바뀌지 않도록 하는 장치를 통해 그것을 실현한다.

● CVJ의 종류

각도변화가 큰 앞바퀴 쪽에는 고정식(신축 없음)의 베어링이 볼 방식인 것을 사용한다. 볼의 이동을 규제하는 홈을 통해 큰 각도에 대응한다. 디퍼렌셜 쪽에는 신축가능한 슬라이드 방식을 사용하는데, 기능에 따라 베어링이 롤러 타입과 볼 타입으로 나뉜다. 롤러의 접촉각도 변화에 따른 '강제력'이나 볼의 유지 클리어런스 변화로 발생하는 '슬라이드' 저항이 진동발생의 원인이 되기 때문에 차종이나 용도에 따라 적재적소에 맞게 장치를 선택한다.

● 고정식 CVJ의 구조

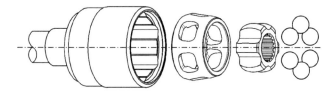

● 슬라이드 방식 롤러 CVJ의 구조

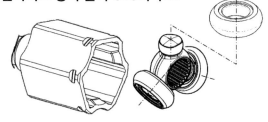

● 슬라이드 방식 볼CVJ(크로스 홈)의 구조

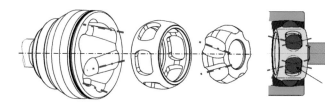

니라, 긴 쪽(다른 차체 우측) 샤프트에 다이내믹 댐퍼를 장착하는 경우가 많다. 근래에는 차량의 정숙성이 향상되었기 때문에, 엔진에서 기인하는 것이 아니라 변속기 기어의 NV가 드라이브 샤프트에 영향을 끼치지 않도록 짧은 쪽에도 댐퍼를 장착하기도 한다.

이런 방법이 드라이브 샤프트에 있어서는 튜닝 부류에 들어가지만, 구동시스템 부품은 항상 차체 쪽 요건에 따라 마지막에 결정되는 경우가 많은 것 같다. 메이커에 따라 다르기도 하지만 차종이 적은 메이커일수록 개별적인 최적화를 요구하는 경향이어서, 차량개발 마지막 순간에 샤프트 지름이나 다이내믹 댐퍼의 제원이 바뀌는 경우도 있다. 드라이브 샤프트 자체의 사양과 크기는 거의 엔진 토크와 차종에 따라 결정된다. 그 제원을 통해 범용성을 부여하는 것이 가능하기는 하지만, 실질적으로는 그렇게 원활하게 진행되지 않기 때문에 완전히 차종별 전용설계가 되기 십상이다.

드라이브 샤프트도 프로펠러 샤프트와 마찬가지로 앞뒤 슬라이드 양이 차축 변위보다 차체에 대한 연결 요건에 의해 정해진다는 사실은 앞글에서 언급했는데, 특히 소형 FF차량은 서스펜션과 허브 캐리어가 먼저 장착된 상태에서 드라이브 샤프트를 끼우기 때문에 실제 주행할 때의 각도 변화보다 큰 작용각을 갖는 CVJ가 필요하다고 한다. 당연히 그런 큰 작용각은 실제 조향이나 조종안정성과는 전혀 관계가 없다.

● 슬라이드 방식 더블 롤러 CVJ

트라이 포드(Tri Pod)방식. 3개의 지지부에 회전 롤러가 연결된다. 사진은 롤러가 2중구조인 것으로, 샤프트의 각도변화로 롤러 자체의 목부분이 움직여 케이스와 접촉하는 면이 항상 일정해지면서 저항력을 줄이는 구조.

● 슬라이드 방식 볼+크로스 홈 CVJ

케이스 쪽 홈이 방사선으로 파여 있다. 각도변화와 슬라이드에 의해 볼이 홀더 위에서 홈으로 움직이려는 슬라이드 힘을 억제함으로써 볼 위치를 일정하게 유지하는 구조. 주로 고급 FR차량용에 이용, 바퀴 쪽과 디퍼렌셜 쪽 양쪽에 사용하는 경우가 많다.

디퍼렌셜과 LSD

LSD DIFFERENTIAL GEAR BASICS

차동과 관련된 배반적인 두 가지 기능

본문 : 미우라 쇼지 사진 : 구마가이 도시나오

프로펠러 샤프트

베벨(하이포이드) 기어

피니언 기어

피니언 샤프트

드라이브 샤프트

링 기어

사이드 기어

디퍼렌셜 케이스(캐리어)

디퍼렌셜 내부에는 감속장치가 들어가 있다. 후륜구동에서는 출력 방향을 바꾸는 역할도 맡는다. 하이포이드 기어와 조합해서 엔진 출력 쪽과 디퍼렌셜 쪽의 기어 중심축이 어긋나 있는 것을 사용해 큰 감속비를 얻는다.

● 디퍼렌셜의 구조

프로펠러 샤프트(후륜구동인 경우) 끝에 있는 베벨 기어의 회전은 방향을 90도로 바꿔서 디퍼렌셜의 링 기어로 전달된다. 링 기어와 동일 축에 있는 사이드 기어①가 직교하는 피니언 기어의 중심축은 디퍼렌셜 케이스(유성 기어에서의 플래니터리 캐리어)에 고정되어 있고, 디퍼렌셜 케이스는 링 기어와 같은 방향으로 회전한다. 그러면 회전력은 사이드 기어① 반대에 있는 사이드 기어②를 움직여 좌우 바퀴에 같은 토크가 전달된다. 이때 피니언 기어는 디퍼렌셜 케이스와 연동해서 돌아가지만(공전) 피니언 자체는 축회전을 하지 않는다.

디퍼렌셜 기어(Differential Gear)는 자동차의 구동바퀴에 사용하는 특유의 부품이다. 리어카나 자동차의 비 구동바퀴(FF의 뒷바퀴 등)에는 디퍼렌셜을 사용하지 않는다. 좌우 바퀴 회전이 서로 관계 없이 자유롭게 회전하기 때문이다. 하지만 구동바퀴는 그렇지 않다. 선회할 때 생기는 회전반경 차이(내륜 차이)로 인해 선회하는 안쪽보다 바깥쪽 바퀴가 많이 돌지 않으면 자동차를 방향을 바꾸지 못 한다. 엔진에서 나오는 동력이 좌우에 직결(등속)되어 있으면 돌 수가 없기 때문이다. 그래서 좌우 바퀴의 속도 차이를 허용해 주는 '차동장치'가 필요하게 된다. Differential Gear란 '좌우 바퀴의 회전속도 차이'를 만들어 낼 수 있기 때문에 만들어진 단어이다.

차동을 허용하는 '오픈 디퍼렌셜'은 일종의 유성기어라고 할 수 있다. 보통의 유성기어와 달리 기어 배치가 입체적이라 이해하기 쉽지는 않지만, 각 기어의 자전과 공전의 조합을 통해 한 가지 입력으로 두 개의 다른 속도를 일으킨다는 점에서 유성기어 기능과 일치한다.

직진할 때 좌우 바퀴가 등속으로 회전하는 경우, 디퍼렌셜 내부에 있는 피니언 기어는 일을 하지 않는다. 드라이브 샤프트에 연결된 사이드 기어의 회전에 연동해 돌(공전)뿐이다. 좌우 바퀴에서 속도차이가 나야 피니언 기어가 자전하기 시작해 좌우 바퀴가 다른 속도에서 돌 수 있도록 해준다.

이렇게나 편리한 디퍼렌셜이지만 간과할 수 없는 약점도 있다. 그것은 엔진 토크를 분배하는데 있어서 좌우로 같은 양의 토크밖에

전달하지 못 한다는 점이다. 그런 약점이 드러나는 경우는 한 쪽 바퀴의 토크가 빠졌을 때. 극단적이기는 히지만 한 쪽 바퀴가 허공에 뜬 상태에서는 반대쪽의 접지해 있는 바퀴의 토크도 빠져버리는 것이다.

그렇게 되면 구동력이 제로가 되어 앞으로 나가질 못 한다. 이 정도로 극단적이지 않더라도 젖어 있는 도로에서 타이어의 그립이 약해지면 똑같은 일이 발생한다. 외부에서 보면 미끄러진 한 쪽 바퀴가 엔진 출력에 의해 공전하는 것처럼 보이지만, 토크가 빠져있기 때문에 공전하는 것이 아니라 단순히 타성으로 도는 것일 뿐이다.

디퍼렌셜은 좌우 바퀴 사이에만 있는 것

이 아니다. 직결 4륜구동으로 불리는 파트타임 4WD에는 디퍼렌셜이 없기 때문에, 마른 포장도로에서 4륜구동으로 놓으면 선회할 때 역시나 앞뒤 바퀴의 회전자이(앞바퀴 쪽이 많이 도는)를 흡수하지 못하고 그냥 직진하려고 한다. 상시 4WD는 앞뒤 바퀴 사이에 디퍼렌셜을 설치해 차동을 통해 원활하게 돌게 하려고 한 것이다. 하지만 그럼에도 불구하고 디퍼렌셜의 약점은 존재해서, 앞뒤 어느 쪽이든 미끄러지면 트랙션이 걸리지 않는다. 좌우 바퀴의 토크 차이가 선회할 때만 드러나는데 반해 앞뒤 바퀴의 토크 차이는 직진할 때도 발생하기 때문에 더 불편하다.

편리하기는 하지만 약점도 있는 디퍼렌셜

● 차동의 원리

좌우 바퀴에 회전차이가 발생하면 두 개의 사이드 기어가 어긋나 돌아가면서 피니언 기어가 자전을 시작한다. 피니언 기어가 공전과 자전이라는 2가지 동작을 함으로써 전달 토크와 속도가 바뀌는 구조는 유성기어의 작동원리 그대로이다. 아무 때라도 좌우 사이드 기어가 자유롭게 다른 속도로 돌아간다는 것이 차동이 발생하는 특색이기는 하지만, 한 쪽 바퀴의 저항이 없어지면 양쪽 바퀴 모두 동시에 토크가 전달되지 않는다는 숙명이 있다.

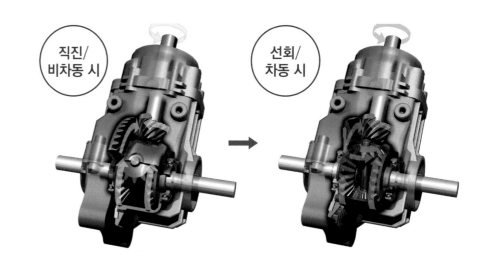

직진/
비차동 시 → 선회/
차동 시

● 다판 클러치 방식 LSD의 차동제한

2개로 나누어지는 디퍼렌셜 케이스를 중심으로 피니언 축 끝의 캠과 연결된다. 차동이 시작되면 좌우 디퍼렌셜 케이스가 어긋나면서 캠이 디퍼렌셜 케이스를 밀어서 벌리려고 하는 움직임이 발생한다. 디퍼렌셜 케이스 바깥쪽에는 다판 클러치가 장착되어 있어서 넓어진 디퍼렌셜 케이스에서 클러치가 압착해 좌우 바퀴를 직결상태로 만듦으로써 차동을 제한한다.

디퍼렌셜 케이스(캐리어)

캠이 회전하면 캐리어가 밀리면서 벌어진다.

캠

의 기능을 보완하기 위해서는 타이어의 그립 한계를 넘어서서 회전차이가 발생했을 때, 강제로 차동을 중지시키는 "차동제한"이 필요하다. 그 기능을 갖춘 디퍼렌셜이 LSD(Limited Slip Differential)이다.

LSD는 한 쪽 바퀴(대개는 안쪽 바퀴)가 미끄러졌을 때, 반대 쪽 바퀴에 토크를 계속 보냄으로써 트랙션을 확보할 수 있을 뿐만 아니라 스로틀에 의해 뒷바퀴에서 발생하는 요(Yaw)를 제어할 수도 있다. 또 직진할 때도 미세하게 발생하는 좌우속도 차이를 억제함으로써 직진안정성 향상에도 기여한다.

일반적인 LSD는 디퍼렌셜 본체 바깥에 다판 클러치가 있어서, 차동이 일정 이상이 되면 피니언 기어와 하나로 된 캠이 돌면서 바깥쪽 게이트를 밀어냄으로써 클러치를 압착해 피니언 기어의 자전을 중지시킨다. 어느 정도의 차동에서 중지를 시작할지, 토크가 높은(미끄러지지 않는) 쪽에 어느 정도나 토그를 보낼지, 비차동일 때도 중지시킬 수 있는 등의 조정이 쉽다는 장점이 있지만, 전용 오일과 정기적인 보수·점검이 필요하고 작동 소음도 있다.

좌우 바퀴의 LSD가 스포츠 주행에 이용된다 하더라도 4WD의 센터 디퍼렌셜에서는 다판식의 약점을 간과할 수 없다. 그 때문에 다판식을 대신할 치동제한징지로 전에는 메인터넌스 프리인 비스커스 커플링을 사용했다. 하지만 비스커스는 비스커스인지라, 잠길 때까지 작동추이가 완만하고 강한 토크를

전달하지 못하는 약점도 있었다. 그래서 각광을 받게 된 것이 기어식 LSD·토르센이다.

V. 그리스먼이 발명한 토르센 LSD의 원형은 웜 기어를 조합한 장치로서, 상시 4WD의 선구자인 아우디의 콰트로용 센터 디퍼렌셜로 일약 각광을 받았다. 그 후 제조권이 미국 그리슨사에서 지젤기기(젝셀에서 보쉬로 옮겨감)로 옮겨가 토요타 셀리카 GT-FOUR의 리어 디퍼렌셜에 사용된다.

웜 기어방식(Type-A)은 기어가 접촉하는 면적이 작아 전달 토크에 대해 기어가 커진디는 짐, 구조상 TBR(Bios Ratio, LSD의 효능)이 커서 앞바퀴에 사용하면 토크 스티어가 같이 발생한다는 이유로 평행축 헬리컬 기어를 사용한 소형의 Type-B가 만들어진

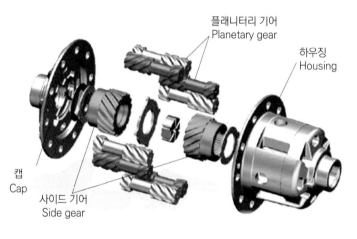

플래니터리 기어
Planetary gear

하우징
Housing

캡
Cap

사이드 기어
Side gear

■ 사이드 기어에서 좌측 바퀴로
From side gear to left wheel

■ 링 기어에서 하우징으로
From ring gear to housing

■ 하우징에서 플래니터리 기어로
From housing to planetary gears

■ 플래니터리 기어에서 사이드 기어로
Planetary gears to side gears

■ 사이드 기어에서 우측 바퀴로
From side gear to right wheel

⬥ 토르센 Type-B

제이텍 토르센 LSD의 주력제품인 Type-B. 구동배분 50:50에 좌우 바퀴의 디퍼렌셜용이다. 오픈 디퍼렌셜과 달리 각 기어 축이 동일 방향으로 일반적인 유성기어 구조에 가깝다. 사이드 기어 주의에 2개가 세트인 플래니터리 기어가 배치된다. 평상시에는 플래니터리는 자전하지 않고 사이드 기어에 이끌려 같이 돌기만 하지만, 차동이 시작되면 두 개의 플래니터리가 반전 자전을 시작해 서로가 좌우 역방향으로 움직이려 한다. 그때 생기는 맞물림 반력과 사이드 기어에서 멀어진 하우징으로 밀려나가려고 하는 두 가지 힘이 차동을 억제한다. 플래니터리는 중심축에 고정되어 있지 않고 하우징에서 노는 것이 특징.

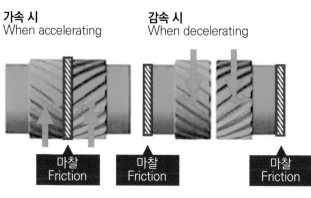

가속 시
When accelerating

감속 시
When decelerating

마찰
Friction

마찰
Friction

마찰
Friction

이후 제조권이 예전 토요타 공작기계, 현재의 제이텍으로 옮겨가 현재에 이르고 있다.

주력제품인 토르센 Type-B는 베벨 기어를 조합한 입체적 오픈 디퍼렌셜과는 구성이 달라서, 좌우로 나뉜 헬리컬 기어와 그 바깥에 2세트의 일체 헬리컬 기어로 구성된다. 비작동 시 바깥쪽은 자전하지 않고 안쪽으로만 같이 돈다. 차동 시에는 바깥쪽의 2쌍이 이중반전으로 회전함으로써 기어끼리 좌우로 나누어지려고 하는 힘이 작용해 마찰저항을 일으킨다. 동시에 바깥 기어는 반력으로 케이스로 밀리면서 역시나 마찰이 발생해 차동을 억제하는 구조이다.

기어로만 구성되어 있기 때문에 보통의 디퍼렌셜 오일을 사용할 수 있어서, FF의 AT 차량처럼 점도가 낮은 ATF로도 작동이 가능하다. 기어 날과 케이스에는 Ni+P도금이나 DLC로 코팅되어 있어서 보수·점검이 필요 없다. 다만 잠김 비율이나 TBR을 바꿀 때는 기어의 이빨 수나 원주 지름을 변경해야 하므로 사용자가 튜닝하는 것은 불가능하다. 이니셜 토크에 있어서는 타이어가 회전하면 즉각 간극이 없어지도록 설계되어 있어서 위치결정용으로 부시를 선택함으로써 제조할 때 반영할 수는 있다.

제이텍이 제조하면서부터 만들어진 것이 기어 장치를 유성기어로 바꾼 Type-C이다. 앞뒤 토크를 균등하지 않게도 배분할 수 있는 센터 디퍼렌셜로서, 획기적인 제품이다.

베벨 기어를 사용하는 오픈 디퍼렌셜은 물론이고 헬리컬 기어 방식은 이중반전 구조라 비차동 제한이 걸렸을 때의 토크 배분이 50:50이다. 하지만 유성기어를 사용하면 피니언 기어를 매개로 앞바퀴와 연결되는 선 기어와 뒷바퀴와 연결되는 아우터 기어의 관계는 기어의 원주 지름이 다르기 때문에 등속에서도 바깥쪽의 아우터 기어로 토크가 많이 배분된다.

차동이 발생하면 맞물리는 힘으로 더 토크 배분량이 아우터 쪽으로 옮겨간다. 통상적으로는 앞40:뒤60으로 배분되지만, 차동제한 시는 20:80 전후까지 토크 차이가 생긴다. 가속할 때는 앞뒤의 하중이 이동하기 때문에, 가능한 한 뒷바퀴로 토크를 배분했으면 하는 요구에 자연스럽게 순응할 수 있는 구성인 것이다. 차동제한의 논리를 살펴보면, 플래니터리를 유지하는 캐리어가 회전차이로 인해 플래니터리 기어와 강하게 접속해 마찰력을 만드는데서 시작된다. 헬리컬 방식도 마찬가지이지만 토르센 LSD와는 기어의 지지를 중심축이 아니라 외주 케이스로 지지함으로써 접촉 마찰을 만드는 삭농원리라고 힐 수 있다.

마찰=마찰 손실이기 때문에 연비에 영향이 있을 것으로 생각되지만 구동저항은 타이어의 사소한 슬립으로도 발생한다. 토르센 LSD를 사용함으로써 타이어 슬립은 줄어들기 때문에 전체적인 마찰손실은 나빠지지 않는다. 또 EV에서는 전동 모터 특유의 기동할 때의 큰 토크를 전기적이 아니라 기계적으로 제어가능하기 때문에 충분히 채택할 만한 필요성이 있다고 제이텍은 밝히고 있다.

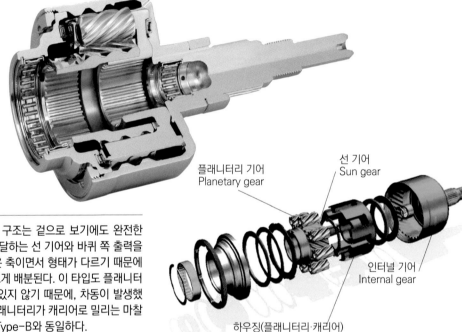

● 토르센 Type-C

4WD의 센터 디퍼렌셜+LSD. 구조는 겉으로 보기에도 완전한 유성기어 장치. 엔진 출력을 전달하는 선 기어와 바퀴 쪽 출력을 받는 플래니터리 캐리어는 같은 축이면서 형태가 다르기 때문에 입출력 토크가 자동적으로 다르게 배분된다. 이 타입도 플래니터리 기어가 중심축에 고정되어 있지 않기 때문에, 차동이 발생했을 때 맞물리는 반력에 의해 플래니터리가 캐리어로 밀리는 마찰력으로 차동을 제한하는 점은 Type-B와 동일하다.

플래니터리 기어
Planetary gear

선 기어
Sun gear

인터널 기어
Internal gear

하우징(플래니터리·캐리어)
Housing(planetary carrier)

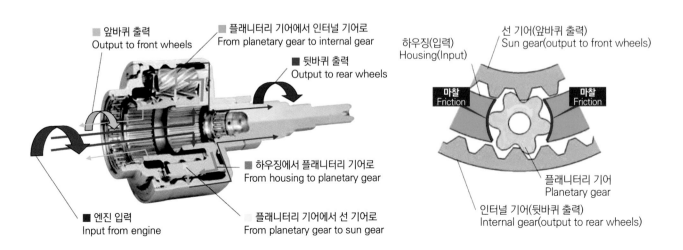

■ 앞바퀴 출력
Output to front wheels

■ 플래니터리 기어에서 인터널 기어로
From planetary gear to internal gear

■ 뒷바퀴 출력
Output to rear wheels

■ 하우징에서 플래니터리 기어로
From housing to planetary gear

■ 엔진 입력
Input from engine

■ 플래니터리 기어에서 선 기어로
From planetary gear to sun gear

하우징(입력)
Housing(Input)

선 기어(앞바퀴 출력)
Sun gear(output to front wheels)

마찰
Friction

마찰
Friction

플래니터리 기어
Planetary gear

인터널 기어(뒷바퀴 출력)
Internal gear(output to rear wheels)

07

허브 유닛

HUB UNIT BASICS

회전하는 바퀴와 강체인 차체를 잇는 자동차의 아킬레스건

본문 : 미우라 쇼지 사진&그림 : 제이텍/MFi/미우라 쇼지

허브는 애초의 단일 베어링 부품에서 주변부품을 집약하면서 경량화와 고강성화를 추진해 왔다. 이런 진화는 메이커의 생산라인 합리화 요구와도 맞아떨어져 전체적인 단가인하로 이어지고 있다.

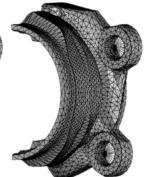

허브의 플랜지 부분은 바퀴로부터 전달되는 입력으로 변형을 일으키면서 그것이 조종안정성에 영향을 끼친다. 단순히 크고 두껍게 만들기만 해서는 무게만 늘어나기 때문에 시뮬레이션으로 최적의 구조로 만들기 위한 연구가 진행 중이다.

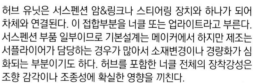

허브 유닛은 서스펜션 암&링크나 스티어링 장치와 하나가 되어 차체와 연결된다. 이 접합부분을 너클 또는 업라이트라고 부른다. 서스펜션 부품 일부이므로 기본설계는 메이커에서 하지만 제조는 서플라이어가 담당하는 경우가 많아서 소재변경이나 경량화가 심화되는 부분이기도 하다. 허브를 포함한 너클 전체의 장착강성은 조향 감각이나 조종성에 확실한 영향을 끼친다.

허브는 일차적으로 차량 베어링을 가리킨다. 허브 캐리어 또는 너클로 불리는 지지부품과 연결되어 바퀴가 자유롭게 회전할 수 있도록 하는 것이다. 하지만 베어링만으로는 휠에 장착할 수 없기 때문에 대개는 스터드 볼트가 들어가는 플랜지 부품과 세트로 되어 있다. 그곳을 중심으로 휠이나 서스펜션·조향부품이 장착되어 있다. 즉 넓은 의미의 허브는 바퀴와 차체를 잇는 부품의 집약체인 것이다.

많은 부품이 모여 있는 데다가 베어링이라는 가동부분이 있어서 허브 주변은 하체와 관련해 강성을 확보하기 어려운 측면이 있다. 그 때문에 허브 메이커는 가능한 베어링 주변 부품을 일체화해 강성을 확보하는데 힘써왔다. 또 부품 상호간 접합면 정밀도 향상이나 베어링에 필수인 윤활 그리스의 성능향상도 같이 병행해 왔다. 지금은 구동차축용 허브 유닛이 CVJ까지

포함되어 일체화된 제품으로 등장하게 되었다.

이렇게 되자 허브가 베어링으로서의 기능을 뛰어넘어 서스펜션&구동시스템 부품의 일부가 되면서, 차량 메이커의 섀시 부문과 경계가 애매해지는 경향이 있다. 그렇다 하더라도 허브 유닛 제조는 엄연히 서플라이어의 영역이기 때문에 메이커의 주목도는 낮다고 한다. 하지만 서플라이어의 자체 노력으로 인해 메이커도 섀시 성능향상에 허브 주변이 큰 영향을 끼친다는 사실을 이해하게 되면서 더 한층 경량화와 고강성화를 추진 중이다.

그런 한편으로 대형화되고 있는 타이어&휠이나 복잡해지는 서스펜션 구조의 여파로 인해 하중부담이 늘어나는 와중에도 하체 주변의 공간 확보 쟁탈전에서 최하위에 위치하는 것이 허브라는 부품의 숙명이다. 거기에 단가인하 요구까지 포함해 개발생산현장은

힘든 싸움을 할 수밖에 없다.

유럽 자동차와 일본 자동차의 차이는 30년 전과 비교하면 거의 없어졌다고 해도 무방하지만, 보디와 허브 주변이 만들어내는 고속 조종안정성에 대해서는 아직까지도 차이가 있다. 허브 플랜지가 기본이 되는 스터드 볼트는 이제 일본산도 5개 구멍 사양이 많아졌지만, 장착 홀의 지름(PCD)은 여전히 100mm나 114.7mm이다. BMW는 120mm, 포르쉐에 이르러서는 130mm나 될 정도로 지름이 크다. 지지점이 바깥쪽에 있을수록 지지강성이 높아진다는 사실은 두말 할 필요도 없다. 볼트를 안쪽에서 통과시키는 일본과 밖에서 통과시키는 수입차의 차이도 휠과 허브의 면 정밀도라는 측면에서는 후자에 명확하게 이점이 있다고 서플라이어는 말한다. 하체의 좋고 나쁨은 허브 주변을 한 번 보면 파악할 수 있는 것이다.

효율을 추구하면
최종적으로는 "바퀴로 직결" 될까?

4륜 인휠 모터가 되면 변속기나 드라이브 샤프트도 필요 없게 되고,
스티어링과 브레이크의 역할도 모터가 맡게 된다.
자동차에서 기어가 거의 모습을 감추게 되는 것이다. 액추에이터는 볼나사 부품만 있으면 된다.
순수하게 기술적으로만 생각했을 때 이것이 타이어로 달리는 자동차의 최종 형태일까.
바퀴와 직접 연결되는 드라이브트레인인 것이다.
하지만 그런 현실까지는 아직도 상당한 시간이 필요하다.

'10단을 넘는 AT는 필요 없다' 현재 자동차 메이커와 변속기 메이커 사이에는 이런 암묵적인 이해가 있는 것 같다. 실제로 개발담당 임원들에게 물어봐도 "탑재할 공간이나 단가 문제까지 포함해 10단까지면 충분"하다는 의견이 많다. 더 이상의 다단화는 이제 진행되지 않을 것 같다.

그렇다면 변속기의 미래는 어떤 모습일까. 먼저 MT이다. 세계적인 시장조사 전문기업 IHS 오토모티브에 따르면 2025년 시점에서도 전 세계에서 판매되는 자동차의 약 3분의 1은 MT가 차지할 것이라 예측한다. 개발도상국이 자동차 수요의 '기반'을 받치고 있을 뿐만 아니라 정비하기 쉽고 저렴한 MT에는 일정한 수요가 존재한다. 2015년도 실적을 보면 전 세계의 MT 점유율이 약 44%였다. 향후 점유율은 완만하게 떨어질 것으로 예상되지만 전체 수요의 신장세가 있어서 양산수가 급락하지는 않는다. 변속기 타입별로는 2025년 시점에서도 MT가 최고 점유율을 보일 것으로 예측되기 때문이다. 따라서 MT의 개량이 필수이다.

스텝AT는 3~6단이 감소하고 7단 이상이 증가할 것으로 IHS 오토모티브는 예측한다. 역전되는 시점은 2~3년으로 보고 있다.

25년 시점에서의 스텝AT 점유율은 27% 전후로, MT에 이은 점유율 순위는 변함없다. DCT는 15% 정도의 점유율로 확대되면서 다단화도 진행될 것이라는 예측이다.

그렇다면 변속기를 필요로 하지 않는 BEV, 배터리 방식의 전기자동차는 어느 정도까지 증가할까. IHS 오토모티브를 포함해 몇 곳의 예측을 확인한 바로는, 2025년 시점에서도 많아야 600만대 정도, 전체 자동차 가운데 5% 정도라는 예측이다. 변속기가 딸린 스트롱 하이브리드 차는 이보다 많으리라는 예측이 있기는 하지만, 세상에서 떠들어대는 만큼 순수 전기자동차가 급증하는 일은 없을 것이라는 예측에서 일치하고 있다.

물론 최종적으로는 '바퀴와 일체화된 인휠 모터를 모든 바퀴에 장착한 BEV'가 주류가 될 것이라는 장기예측이 존재하기는 한다. 하지만 그것은 2030년 이후의 이야기로, 근래에 화제를 모으고 있는 전고체전지가 차량에 탑재할 수 있을 만큼 안전성을 갖고 안정적으로 양산되고 나서야 가능할 것으로 보인다. 인휠 모터 연구는 지난 1990년대에 이미 시작되었지만 20년이 지난 현재도 아직 양산화에 이르지 못하고 있기 때문이다.

그런데 BEV는 정말로 변속기가 필요 없을

까. 이 질문에는 다양한 해석이 있다. 유성기어 변속기에 전동모터를 내장하여 동력 어시스트와 유사 다단을 양립시킨다는 제안을 하는 엔지니어링 회사도 있다. 유성기어 1~2세트로 8단 정도가 가능하다고 한다. 또 변속기 메이커에서는 전동모터에 유성기어와 조합시켜 모터 효율이 나빠지는 고회전 영역을 사용하지 않아도 되는 전동구동 시스템을 연구 중이다. 다만 인휠 모터나 전동모터+유성기어 모두 '제어가 어렵다'고 한다.

변속기도, 드라이드 샤프트도 필요없고, 하이포이드 기어도 사용하지 않는 등 어떤 이유든지 간에 기존 구동시스템 장치를 없애고 싶은 사람들은 전동화에 매달리고 있다. 앞에서 언급했듯이 '엔진보다 후방'에 위치하는 구동시스템은 손실이 많다. 자동차의 에너지 효율이라는 측면에서 따지면 원동기가 주목 받을 수밖에 없다. 가솔린 엔진에서는 50%를, 디젤 엔진은 60%를 지향하는 것이 현재의 당면과제이다. 하지만 엔진보다 후방에 있는 바퀴까지의 종합적인 효율로 따지면 그 반으로 효율이 떨어진다. 물론 전기의 효율도 긍정적인 것만은 아니다. 가장 열효율이 높은 발전방법이라도 원거리 송전과 몇 번의 변전을 거친 다음의 효율은 '공식적인 효

슬로베니아 기업이 중국의 자금을 지원 받아 4륜 인휠 모터 시제차를 개발 중이다. 시판할 수 있는 차는 아니지만 자금력이 풍부한 중국에 연구자들이 모여 자신의 아이디어를 실현하려고 노력하는 것이다. 한 번 실패해도 새로운 스폰서를 찾으면 된다. 그래서 힘이 있다.

일본 대학에서 연구하고 있는 인휠 모터. 진짜로 BEV에서 살아가려면 이 분야에 더 많은 인적 자원과 연구 예산을 배분해야 한다. 중국 대학을 방문하면 자동차 생산라인이나 공력풍동 시설까지 갖추고 있다는 사실에 놀란다.

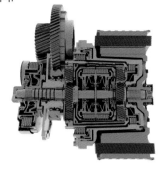

독일 엔지니어링 회사인 IAV가 제안하는 모터+2유성기어 구성의 차세대 변속기. 이런 회사에 변속기 전문가들이 모이고 있다. 이미 일본인 기술자도 있다. 정말로 두뇌유출이 가속화되는 상황은 지금부터일 것이다.

스즈키의 세미 오토매틱 변속기 AGS. 여기에 전동모터를 내장하겠다는 청사진을 갖고 있는 엔지니어가 많다. 과연 일본이 그것을 실현할 수 있을까. 멈칫거리다가는 중국기업에 수요를 빼앗기게 될 것이다.

율 수치와 상당히 차이가 난다'는 지적이 많다. BEV의 진짜 효율이 세상에 선전되고 있는 만큼 높지 않다는 사실은 상상하기 어렵지 않다. BEV가 가진 장점은 1단 감속 기어만으로 구동되고 변속기를 필요로 하지 않는다는 점이다. 이것만으로도 효율이 5~6% 절약된다. 반대로 내연기관은 열효율을 추구하더라도 드라이브 트레인 전체의 효율을 개선하지 않으면 전동을 쫓아가기 힘들다.

그럼 드라이드 트레인 연구개발에서 중요한 점은 무엇일까. 엔지니어들은 한결같이 '종합윤활기술(Tribology)'이라고 한다. '마찰·윤활·마모'이다. 상당히 중요한 분야임에도 사실은 일본 산업계는 그다지 중시해 오지 않았다. 정부는 거의 무관심에 가깝다. 문부과학성은 미국 잡지 '네이처'에나 실릴만한 화려한 논문 외에는 흥미가 없어 보인다. 자동차산업은 1980년대 후반부터 이 분야의 위탁연구를 해외

대학 및 연구기관에 맡기고 있다.

왜 일본 대학이 아닐까. 1989년에 이 건을 갖고 몇 군데 대학을 취재했었다. '학문적이지 않기 때문에'라는 설명을 듣고서 놀랐던 기억이 난다. 일본 기업이 해외에 자금을 대주는데도 불구하고 그 성과는 해외에서 사용되던 현실이었다. 경기가 좋았던 일본이 세계에 공헌했다고 하면 만족이 될까.

현재 구동시스템에 필요한 기술을 조사해보면, 작고 정교하면서 저렴한 베어링, 점도가 낮고 열화가 적은 윤활유, 저항이 아주 작은 실 소재, '슬립'과 '전달' 성능이 더 뛰어난 CVT 전용 작동유 등, 모두 종합윤활기술과 관련되어 있다. 금속과 고무와 플라스틱과 오일. 예전부터 익숙해져서 친숙한 소재를 어떻게 응용할 것인지에 관한 문제라고 할 수 있다. 일본만큼 실용적인 소재기술을 확보하고 있는 나라도 없다고 생각하지만, 장래에 필요할 것으로 보

이는 종합윤활기술 관련 기술은 그 연구와 전공학생이 너무 적어서 불안한 감이 있다.

최종적으로 인휠 모터에 도달하기 위해서는 완전히 방수가 가능하고 수명이 긴 회전체 실이 필요하다. 하지만 아직은 없다. 가볍고 튼튼한 모터 케이스도 필요하다. 제어 프로그램이 아무리 어려워도 물건 자체를 물리적으로는 만들 수 있다. 하지만 그 '물건'이 아직 존재하지 않는 것이다.

변속기 이야기로 돌아가면, 구동모터를 내장한 AMT라는 방법도 있다. 간편하게 만든다면 개발도상국에서도 사용할 수 있을 것이다. 엔지니어링 회사는 개발도상국용으로도 여러 가지 새로운 제품을 제안하고 있다. 어쩐 일인지 일본의 자동차 메이커는 그다지 흥미를 보이지 않는다. 지금 시점에서 실적에 도움이 되는 기술만 쫓아서는 미래 비전을 그릴 수 없다. 과연 일본이 세계 최초로 4륜 인휠 양산BEV를 만들 수 있을지 궁금하다.

Motor Fan
illustrated

Vol 1

친환경자동차

Vol 2

F1 머신
하이테크의 비밀

Vol 3

엔진 테크놀로지

Vol 4

하이브리드의 진화

Vol 5

트랜스미션
오늘과 내일

Vol 6

가솔린 · 디젤
엔진의 기술과 전략

Vol 7

튜닝 F1 머신
공력의 기술

Vol 8

드라이브 라인
4WD & 종감속기어

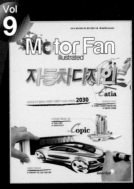

Vol 9

자동차 디자인

Vol 10

조향 · 제동 속업소버

Vol 11

전기 자동차 기초 &
하이브리드 재정의

Vol 12

신소재 자동차 보디

Vol 13

타이어 테크놀로지

Vol 14

자동변속기 · CVT

Vol 15

디젤 엔진의 테크놀로지